Brochure

sur l'Équitation comparée

du Cavalier primitif et du Cavalier civilisé.

Par

A. J. Féméliaux

Capitaine Instructeur au 6.ᵉ de Chasseurs.

aut. Pierson à Verdun.

Brochure

sur l'Equitation comparée

du Cavalier primitif et du Cavalier civilisé.

Par

A. J. Féméliaux

Capitaine Instructeur au 6.ᵉ de Chasseurs.

aut. Pierson à Verdun.
1858

Introduction

Offerte d'abord à mon Régiment dans des limites assez restreintes, Mon Colonel a bien voulu m'autoriser à faire l'essai de cette brochure sur quelques hommes pris au hasard, dans l'extension qu'elle comporte aujourd'hui, et c'est ce premier essai couronné de succès au dessous de toute attente qui m'a conduit à étudier d'une manière sérieuse un mode d'Instruction qui conciliât les exigeances du service avec le peu de temps que les recrues étaient appelées à passer sous les Drapeaux. Il y a, pour atteindre ce but, deux phases bien distinctes en instruction, qui se réduisent à DEUX ANNÉES: la première année est employée au développement physique et à l'Instruction militaire des hommes; cette instruction est conduite de manière à les faire entrer dans le rang pour les manœuvres de Régiment, trois mois et demi à quatre mois au plus après leur arrivée au corps, quelques jours enfin après leur passage à la quatrième leçon à cheval; cette disposition a le double avantage de permettre de manœuvrer, ce qui ne nuit en rien à l'Instruction de détail, puisque les recrues sont replacées sous les yeux de leurs instructeurs les jours où on ne manœuvre pas, et de satisfaire en même temps aux exigeances du service qui devient très-difficile en ce sens que la réduction d'effectif en hommes et en Chevaux oblige à recourir aux expédients pour avoir aux manœuvres le plus de sabres possibles.

L'hiver de la deuxième année de présence au corps serait consacré au manège civil; on perfectionnerait alors non seulement la position et les moyens de conduite des cavaliers, mais on les initierait encore au dressage du Cheval de sorte que lorsqu'ils reprendraient le travail militaire, aux époques fixées par l'ordonnance, on n'aurait plus à s'occuper de ces questions de détail qui, en instruction, font perdre un temps précieux.

Ce simple exposé parle assez en faveur du mode d'enseignement que je désire introduire pour ne pas détruire l'hérésie accréditée depuis longtemps qu'on ne pouvait former de bons Cavaliers qu'après bien des années; si l'Instruction est bien prise dès le début, si elle est continuée avec zèle, le Cavalier, j'en suis certain, sera meilleur au bout de deux ans qu'au bout de dix, par la raison qu'il aura beaucoup

plus de souplesse à cette époque que plus tard et que, s'il était appelé
à faire Campagne, la Confiance qu'il aurait en lui, lui donnerait
tout le sang-froid que l'imprévu et les positions difficiles exigent à
la guerre.

Equitation
Manuel du Sous-Officier.

Désirant laisser aux Sous-Officiers du Régiment un mode uniforme d'enseignement, je viens leur offrir, en famille, un résumé qui, à leurs yeux, ne manquera sans doute pas d'intérêt, puisque ce résumé ne sera que la rapide analyse de ce que nous aurons exécuté cette année. — Appelés eux-mêmes à donner la leçon, je ne cesserai de leur recommander de joindre l'exemple au **principe**.

En équitation, il n'y a rien à inventer; tout ce que l'on peut dire a été écrit et représenté sous toutes les formes imaginables; aussi le progrès de l'élève tient-il plus à la manière dont l'instructeur groupe ses faits en rendant attrayant un travail souvent fort ingrat, puisqu'il faut continuellement se répéter, qu'à ce qu'il croira découvrir; du reste, il n'y a de progrès possibles que lorsqu'on s'attache aux choses élémentaires, dans les commencements surtout, que l'on y revient souvent et que l'on ne procède jamais que du simple au composé. Ainsi on commencera toujours le travail au pas, lorsque le cheval sera bien mis à cette allure; on passera au trot, puis au galop. Le travail se terminera dans le même ordre. Il ne faut jamais débuter par un travail au galop, pas plus isolément qu'en troupe; si l'on s'éloigne de ce principe, l'on n'obtient que les plus mauvais résultats.

Notions Préliminaires.

Avant de commencer le travail, le Cavalier sous la surveillance de l'Instructeur, s'assurera que la Gourmette, la Muserolle, la Sous-Gorge, le Poitrail, la Croupière et les Sangles ne soient ni trop serrés ni trop lâches; une Muserolle ou une sous-gorge trop serrées gênent la respiration; un poitrail mal assujetti entrave la marche, une croupière trop tendue provoque la ruade ou une autre défense; une gourmette trop serrée dispose le cheval à bourrer à la main; et souvent à s'emporter, se figurant, par ce moyen, se soustraire à la douleur qu'il éprouve; et enfin un Cheval mal sanglé, offre peu de fixité à la selle; s'il l'est trop le cheval n'est plus libre dans ses mouvements.

La Selle doit être placée sur le dos du Cheval assez en arrière de l'épaule et du garrot, pour ne pas paralyser l'action de l'avant main; il ne faut pas non plus qu'elle soit trop éloignée de ces deux points, par la raison, qu'en marchant, les sangles finissent par se lâcher et que la Selle arrive alors sur l'encolure; il en est de même de la couverte; elle doit être placée avec attention et relevée avec le poing à la liberté du garrot.

Bien que le Cavalier, ne doive pas encore faire usage des étriers, nous en parlerons de suite, pour compléter l'explication du Harnachement.

Ils seront à un point convenable; si la grille de l'Étrier arrive à la hauteur des talons de l'homme et non à la hauteur de celui de la botte: Le Cavalier pourra s'en assurer au bruit argentin qu'il produira en appliquant les talons contre cette grille.

Le Cavalier devra donc, avant de procéder à cet examen; se placer exactement au milieu de sa Selle, sans pencher le corps ni à droite ni à gauche.

Centres de Gravité de l'homme et du Cheval et Équilibre des Forces Motrices. Considérations Générales.

Un Cheval équilibré aux différentes allures est un cheval dressé, mais avant d'en arriver là que de mécomptes, lorsqu'une main trop dure ou trop brusque, ou qu'une jambe trop puissante vient à contrarier le Cheval dans ses divers effets! Il faut donc qu'il s'établisse entre l'homme et le Cheval des rapports à la muette, qui fassent pressentir à ce dernier les intentions du maître, et s'il arrive qu'il y ait erreur de part ou d'autre, il faut toujours revenir avec douceur à ce que l'on veut démontrer. Un moment d'impatience vous fait souvent perdre le fruit de bien des jours de travail. Le Cheval se souvient parfaitement des mauvais traitements, aussi se préoccupe-t-il plus, en pareil cas, du châtiment qui peut encore lui arriver, que du concours qu'il devrait apporter.

Les Caresses, les attentions du Cavalier pour son cheval développent son intelligence, son regard devient plus animé, plus ami; sa démarche est plus fière, il semble enfin avoir lui même le sentiment de son indépendance.

Mais lorsqu'il est maltraité, ou lorsqu'il se trouve avoir un maître indifférent, vous voyez ses facultés se paralyser ou tourner à la méchanceté; le regard devient triste ou dessous; la démarche n'est plus assurée, en un mot ce malheureux cheval, n'offre plus que la triste image de la Rossinante.

Une preuve de l'intelligence du Cheval c'est que l'on voit très-souvent des Chevaux suppléer à l'ignorance des Maîtres qui les traitent bien. Lorsque ces maîtres veulent, ce qu'ils appellent dresser leurs chevaux à leur manière, sans la moindre notion en équitation, que d'efforts ces malheureux chevaux ne doivent-ils pas faire pour annihiler les effets d'une mauvaise position et l'emploi des aides Contraires! Combien ne voit-on pas à côté de cela, d'excellents Cavaliers échouer, parce qu'ils ont mal pris un Cheval!

Il y a deux sortes d'équitation, l'équitation instinctive et l'équitation acquise. Toutes deux concourront au même but par la raison que celui qui possède la première, comme l'Arabe par exemple, emploie sans s'en douter, les mêmes moyens de conduite que nous. Nous pouvons ajouter même, des moyens beaucoup plus puissants. Aussi les Chevaux qui nous arrivent des indigènes nous arrivent-ils beaucoup mieux dressés, sous le rapport de la franchise et de la vigueur, que si nous nous en fussions occupés nous-mêmes; Mais de ce que l'Arabe naisse Cavalier et qu'il arrive à cette perfection sans bouquin, s'ensuit-il qu'en montant à Cheval sans raisonner, ce que nous faisons, nous puissions arriver au même résultat?

Non beaucoup de personnes vous disent, je monte à Cheval, parce qu'elles se tiennent un peu; il y a loin de là au Cavalier.—

« Comme comparaison entre le Cavalier civilisé et l'homme primitif, prenons « donc l'Arabe, et suivons le dans ses moyens de conduite:

Un Cheval est paresseux, laisse trainer son arrière-main, s'abandonne sur les épaules, il suffit que l'Arabe fasse résonner ses Chabires (Eperons Arabes qui ont près d'un pied) pour que le cheval se rassemble aussitôt; si cet avertissement ne suffit pas, il va jusqu'à l'attaque, dans les deux cas, il a soin d'élever la main de manière à faire refluer l'avant-main sur l'arrière-main, ce qui oblige le rein à entrer dans cette décomposition de force; si, au lieu du simple rassemblé, il veut faire pointer son cheval, l'attaque devient alors beaucoup plus directe; le point d'appui de la main s'élève et se prolonge; au moyen de ce système il fait exécuter à son cheval trois ou quatre pointes consécutives de quinze à vingt pieds chacune; mais aussi l'Arabe ne concourt-il pas par sa bonne position à Cheval et sa confiance à assurer ce Centre de gravité après lequel nous Courons Constamment: Continuons notre examen).

La Colonne vertébrale de l'homme, comme on le sait, offre trois Courbures qui se contrarient réciproquement, la première formée par les vertèbres Cervicales est convexes en avant; la seconde, formée par les vertèbres Dorsales est Concave, la troisième; formée par les vertèbres lombaires est Convexe. Ces trois arcs assez servent de supports, le premier à la tête, le deuxième à la poitrine, et le troisième au ventre..

H.

Ils sont donc destinés à diriger les trois parties autour de la ligne de gravitation du tronc de telle sorte qu'elles se fassent réciproquement contre-poids et qu'elles s'équilibrent pour assurer l'aplomb du corps. Cependant quel est celui de nous, qui, sachant parfaitement ces combinaisons, s'y renferme toujours? Au lieu d'appeler la réunion de toutes ses forces sur les ischions (les pointes des fesses) qui, en raison de leur position, répondent au centre du tronc et représentent les deux points osseux qui forment la base de l'assiette, on s'appuie sur les étriers, on charge l'avant-main du cheval, de sorte que le cavalier et le cheval sont bien loin de leur centre commun de gravité.

Pour l'arabe, ces lois de l'équilibre paraissent-elles pas naturelles? tous ses mouvements se lient à ceux du cheval; il est bien assis, son corps est bien placé, ses bras sont près du corps sans y être collés la main de la bride suit bien la direction du bras: à poil comme en selle, il a les jambes prises; ses forces combinées avec celles de son cheval passent exactement par les mêmes points; au lieu de prendre, comme le font quelques cavaliers, un point d'appui sur les étriers, il le prend beaucoup plus près, il le trouve aux genoux, aussi assure-t-il beaucoup mieux son assiette, et, bien que le pli de ses genoux doive être liant, le cavalier d'élite n'en conserve pas moins, une fixité et une solidité remarquables. Il est vrai que son harnachement entre pour beaucoup dans sa position: le Kerbous de la selle est plus élevé que le pommeau de la nôtre, ce qui oblige le cavalier à avoir la main de la bride placée; l'inclinaison de la selle vers la palette est bonne; ce qui porte le corps de l'homme sur les ischions, et le maintient au moyen de tous ses burnous (Manteaux Arabes) au milieu du cheval; mais ce qu'il y a de plus surprenant, si l'on ne réfléchissait aux heureuses combinaisons qui placent l'homme dans des conditions si favorables, puisque le centre de gravité du cavalier et celui du cheval ne font plus qu'un, c'est de voir les criquets emportés des cavaliers d'une taille souvent colossale, avec une fixité une légèreté vraiment des plus surprenantes; la palette elle-même, étant plus élevée et moins inclinée

que

que la nôtre, emboîte mieux le Cavalier; les étrivières sont beaucoup plus courtes que les nôtres, ce qui l'oblige à avoir les jambes constamment près, les pieds eux mêmes au moyen des Krosses et des Toumakes sont bien mieux chaussés et plus commodément placés.

Quel est celui de nous qui, étant allé en Afrique, n'ait été saisi d'admiration en voyant la tenue, la noblesse et la solidité de ces vieux chefs arabes âgés pour la plus part de soixante dix ans, arrivant d'une route de quinze à vingt lieues, qu'ils avaient parcourue d'une seule traite et placés aussi régulièrement à l'arrivée qu'au Départ: nous ne pouvons pas nous flatter d'un pareil résultat; il suffit d'une simple promenade militaire ou du trajet du quartier au terrain de manœuvre pour offrir les positions les plus irrégulières et cela parceque les sous officiers ne donnent pas toujours l'exemple et ne surveillent pas non plus leurs hommes. Enfin! ici n'est point la question; continuons notre examen Comparatif.

Nous employons dans la limite de nos ressources, les mêmes moyens de conduite que les Arabes et nous cherchons, comme eux à combiner notre centre de gravité avec celui de notre cheval qui se trouve comme nous l'avons déjà dit, au milieu du corps de l'animal, seulement pour atteindre le but désiré nous oublions trop souvent la position régulière que nous devrions conserver.
ignorons donc les conséquences fâcheuses qui peuvent résulter d'une mauvaise position.

Nous raisonnons, je le répète, nos moyens de conduite lorsque nous voulons nous en donner la peine, nous savons que, pour être régulières, nos forces combinées doivent passer par les mêmes points que les forces combinées de notre cheval, je ne cesserai encore de le répéter, mais, soit insouciance pour beaucoup, ignorance pour quelques uns, nous faisons tout l'opposé; aussi que se passe-t-il? au lieu d'appeler cette concentration du corps sur les ischions (pointes des fesses) qui, en raison de leur position répondent au centre du tronc et représentent les Deux points osseux qui forment la base de l'assiette, nous plaçons, par la Direction que nous imprimons à nos Cuisses et à nos jambes, ce centre de gravité presque en avant des épaules du Cheval, c'est-à-dire à nos pieds; nos coudes en l'air, notre tête basse nos épaules arrondies, le manque d'extension de notre buste ajoutent au déplacement de notre assiette et rendent nos moyens de conduite aussi durs qu'incertains. Le centre de gravité du cheval se trouve lui même déplacé ; non seulement le cavalier ne l'aide pas à rassembler ses extremités, mais il charge encore ses épaules, d'une partie de son propre poids. Au pas, la chose se passe encore sans grand désordre, mais que le cavalier soit surpris par un saut de côté ou par une ruade, les jambes ne seront pas près du cheval pour aider à la tenue et opposer un effet de jambe opportun ; il en sera de même de la main qui ne sera pas préparée, parce que les rênes sont flottantes, ce qui empêchera aussi l'effet de la rêne opposée ; le cavalier, en pareil cas, se cramponne d'autant plus vivement aux rênes que sa chûte devient imminente, les barres du malheureux animal reçoivent les saccades qui lui sont données involontairement sans qu'il sache pourquoi ; et ce qu'il y a de plus singulier c'est de voir presque toujours ce mauvais cavalier punir son cheval de la faute qu'il a commise lui même ; Ces cruels effets de main et de jambes font qu'une autre fois le cheval se dérobe au moindre mouvement, le cavalier qui ne se rappelle plus l'injuste correction qu'il a donnée s'en prend de nouveau à son cheval, bien que la faute lui revienne tout entière et alors nouveau désordre.

Lorsqu'on voit un cheval en liberté, il est séduisant ; ses pieds semblent ne pas toucher terre, sa tête est bien portée, son encolure ressort, son garrot s'élève, sa croupe s'abaisse ou s'élève selon le mouvement qu'il fait on remarque aussi l'ondulation de toute la colonne vertébrale, le port horisontal de sa queue ; on saisit enfin ce va et vient de l'avant-main sur l'arrière-main et de l'arrière main sur l'avant-main ; ceci est tout simple, il n'a pas, pour le contrarier la position vicieuse d'un cavalier qui annihile ses ressorts ; tous ses mouvements se passent en hauteur ; la concentration de ses forces vers le milieu du corps est bien observée, aussi passe-t-il avec une prodigieuse facilité de la charge au galop raccourci, et les changements de pied deviennent-ils pour lui un véritable jeu ; il s'affranchit en un mot des systèmes opposés qu'on lui impose, selon les pays, tâchons donc pav une bonne position - et pav un emploi judicieux des aides de répartir également les forces et le poids et d'éviter que nos chevaux soient sur les épaules ou sur les jarrets..

Tous les bouquins nous disent que, lorsqu'un cheval change de direction, qu'elle que soit son allure, la tête doit être complètement tournée du côté vers lequel s'opère le changement ; pour moi, ce n'est pas mon avis, et pour cela il suffit d'examiner un cheval en liberté ; qu'il soit au pas ou au trot ou qu'il veuille prendre le galop, vous le verrez toujours porter un peu la tête du côté opposé au pied sur lequel il voudra partir, il n'est pas, lui, de l'avis de certains écuyers qui veulent que la tête du cheval soit droite le bout du nez tourné du côté vers lequel il doit galoper, le cheval, en suivant ses instincts, agit avec justesse, il fixe par ce moyen l'épaule qui doit suivre le mouvement et rend l'autre épaule complètement libre ; seulement avant d'exécuter cette disposition préparatoire il a soin de se rassembler.

Si le cheval prend toutes ces précautions pour la ligne droite, il les observera bien d'avantage lorsqu'il changera de direction et ceci est encore très-naturel, il y est poussé par l'instinct de la conservation, parce que si, dans ce changement, le pied sur lequel il galope vient à lui manquer, il a la chance de se relever plus facilement, puisque dans ce moment non seulement tout le poids porté sur la partie opposée mais que ce poids est encore augmenté de la tête et de l'encolure. On aurait bien dû depuis longtemps reviser un peu l'ordonnance qui prescrit si bien aux cavaliers de paralyser l'action de leurs chevaux, et les expose à se casser bras et jambes, surtout aux changements de direction et au passage des Coins.

Je signale à l'attention des sous-officiers mes observations sur le cheval en liberté parce que nous aurons occasion d'y revenir et que l'emploi de la rêne et de la jambe du dehors reposent en partie sur les moyens naturels qui nous sont offerts.

Pour résumer tout ce que nous avons dit sur le centre de gravité et sur les lois de l'équilibre, il faut donc que le cavalier apporte une sérieuse attention

à cette égale répartition du poids; il suffira, pour atteindre ce but d'établir le balotte-
ment de l'avant-main et de l'arrière-main, et de charger, dans une juste proportion
la partie opposée à celle qu'il veut rendre libre.

des Flexions

Malgré toute l'attention qu'apporte le cavalier dans l'emploi des aides,
il arrive souvent qu'une résistance inattendue, dont on ne connait pas la
cause, dérange toutes ses combinaisons; pour tâcher d'éviter de pareils inconvénients
nous commencerons donc par faire jouer isolément tous les ressorts, voyons ce que
Baucher nous dit à ce sujet.

Flexions de la Mâchoire.

Les flexions de la mâchoire, ainsi que les deux flexions de l'encolure
qui vont suivre, s'exécutent en place, le cavalier restant à pied. Le cheval sera
amené sur le terrain; sellé et bridé, les rênes passées par dessus l'encolure; le
cavalier vérifiera d'abord si le mors est bien placé et si la gourmette est attachée
de manière à ce qu'il puisse introduire son doigt entre les mailles et la barbe,
puis regardant l'animal avec bienveillance dans les yeux il viendra se placer
en avant de son encolure, près de la tête, le corps droit et ferme les pieds un peu
écartés pour assurer sa base et se mettre à même de lutter avec avantage contre
toutes les résistances.

1° Pour exécuter la flexion à droite, le cavalier saisira la rêne droite
de la bride avec la main droite à seize centimètres de la branche du mors et
la rêne gauche à dix centimètres seulement de la branche gauche. Il rapprochera ensuite la main droite de son corps en éloignant la gauche de manière
à contourner le mors dans la bouche du cheval. La force qu'il emploiera devra
être graduée et proportionnée à la résistance seule de l'encolure et de la
mâchoire; afin de ne pas influer sur l'aplomb qui donne l'immobilité au
corps. Si le cheval reculait pour éviter la flexion et ne continuait pas

moins l'opposition des mains lesquelles dans ce cas, se porteraient en avant afin de faire opposition à la force qui produit l'acculement ou d'attirer le rassemblé.

2°. Dès que la flexion sera obtenue, la main gauche laissera glisser la rêne gauche à la même longueur que la droite puis les deux rênes également tendues amèneront la tête près le poitrail pour l'y maintenir oblique et perpendiculaire jusqu'à ce qu'elle se soutienne d'elle même dans cette position. Le cheval en mâchant son mors, constatera la mise en main ainsi que sa parfaite soumission.

Le cavalier pour le récompenser, fera cesser immédiatement la tension des rênes en lui permettra après quelques secondes de reprendre sa position naturelle.

Pour la flexion de la mâchoire à gauche mêmes principes, moyens inverses, le cavalier ayant soin de passer alternativement de l'un à l'autre.

Le travail de la mâchoire en façonnant les barres et la tête entraîne aussi la flexion de l'encolure et accélère considérablement la mise en main.

Cet exercice est le premier essai que nous faisons pour habituer les forces du cheval à céder aux nôtres. Il est donc bien nécessaire de mettre dans nos manutentions la plus grande mesure afin de ne pas le rebuter au premier abord. Entamer la flexion brusquement serait surprendre péniblement l'intelligence de l'animal qui n'aurait pas eu le temps de comprendre ce qu'on exige de lui.

Flexions latérales de l'encolure.

1°. Le Cavalier se placera près de l'épaule du cheval comme pour les flexions de mâchoire ; il saisira la rêne droite du Bridon, qu'il tiendra en l'appuyant sur l'encolure, pour établir un point intermédiaire entre l'impulsion qui viendra de lui et la résistance que présentera le cheval ; il soutiendra la rêne gauche avec la main gauche à 33 centimètres du mors. Dès que le Cheval cherchera à éviter la tension constante de la rêne droite en inclinant sa tête à droite le cavalier laissera glisser la rêne gauche afin de ne présenter aucune opposition à la flexion de l'Encolure. Cette rêne gauche devra se soutenir par une succession de petites tensions spontanées toutes les fois que le cheval cherchera à se soustraire par la croupe à l'assujettissement de la rêne droite.

L'important est que l'animal, dans tous ses mouvements, ne prenne de lui même aucune initiative:

La flexion de l'encolure à gauche s'exécutera d'après les mêmes principes et par les moyens inverses. Le cavalier pourra renouveler avec les rênes de la bride ce qu'il aura fait d'abord avec celles du filet. Cependant le bridon devra toujours être employé en premier lieu ses effets étant moins puissants et plus directs.

Travail en Selle.

L'élève s'approchera de l'épaule du Cheval et se disposera à y monter, à cet effet, il prendra et séparera avec la main droite une poignée de crins, il la passera dans la main gauche, le plus près possible de leurs racines, sans qu'ils soient tortillés dans la main, il saisira le pommeau de la selle avec la main droite, les quatre doigts en dedans le pouce en dehors, puis après avoir ployé légèrement les jarrets il s'élèvera sur les poignets. Une fois la ceinture à hauteur du garrot il passera la jambe droite tendue par dessus la croupe du Cheval sans le toucher et se mettra légèrement en selle.

Une fois l'élève en selle l'instructeur examinera sa position, afin d'exercer plus fréquemment les parties qui ont de la tendance à la raidir, c'est par le buste que l'instructeur commencera la leçon. Il fera servir à redresser le haut du corps les flexions de reins qui portent la ceinture en avant, on tiendra quelque temps dans cette position les cavaliers dont les reins sont mous, sans avoir égard à la raideur qu'elle entraînera les premières fois.

C'est par la force que l'élève arrivera à être liant et non par l'abandon si inutilement recommandé. Un mouvement obtenu d'abord par de grands efforts n'en nécessitera plus au bout de quelques temps, parce qu'il y aura dresse et que dans ce cas, l'adresse n'est que le résultat des forces combinées et employées à propos. On recommencera donc souvent les flexions de reins en laissant parfois l'élève retomber dans son affaissement naturel, afin de lui faire bien saisir l'emploi de la force qui donnera promptement une bonne position au buste. Le Corps étant bien placé l'Instructeur passera 1° à la leçon du bras, qui consiste à le mouvoir dans tous les sens, d'abord ployé et ensuite tendu : 2° à la leçon de la tête : celle-ci devra tourner à droite et à gauche sans que ses mouvements réagissent sur les épaules. Dès que la leçon du buste des bras et de la tête donnera un résultat satisfaisant, ce qui doit arriver au bout de quatre jours, on passera à celles des jambes. L'Élève éloignera autant que possible des quartiers de la selle, l'une des deux cuisses, il la rapprochera ensuite avec un mouvement de rotation de dehors en dedans, afin de la rendre adhérente à la selle par le plus de points de contact possible. L'Instructeur veillera à ce que la cuisse ne tombe pas lourdement : elle doit reprendre sa position par un mouvement lentement progressif et sans secousses, il devra en outre, pendant la 1re leçon prendre la jambe de l'Élève et la diriger pour bien en faire comprendre la manière d'opérer ce déplacement, Il lui évitera aussi de la fatigue et obtiendra de plus prompts résultats.

Ce genre d'exercice très-fatigant dans le principe nécessite de fréquents repos ; il y aurait inconvénients à prolonger la durée du travail au delà des forces de l'élève. Les mouvements d'adduction (qui rendent la cuisse adhérente à la selle) et ceux d'abduction (qui l'éloignent) devenant plus faciles, les cuisses auront acquis un liant qui permettra de les fixer à la selle dans une bonne position. On passera alors à la flexion des jambes

Flexions Des Jambes.

L'Instructeur veillera à ce que les genoux conservent toujours leur adhérence parfaite avec la selle. Les jambes se mobiliseront comme le pendule d'une horloge, c'est-à-dire que l'élève les remontera jusqu'à toucher le troussequin de la selle avec les talons. Ces flexions répétées rendront les jambes promptement souples, liantes et indépendantes des Cuisses. On continuera les flexions de jambes et de cuisses pendant quatre jours. Pour rendre chacun de ces mouvements plus corrects et plus facile, on y consacrera huit jours.

Des Genoux

La force de pression des genoux, se jugera en même temps s'obtiendra à l'aide d'un morceau de cuir de l'épaisseur de cinq millimètres et long de cinquante centimètres; il placera une des extrémités de ce cuir entre les genoux et le quartier de la selle. L'élève fera usage de la force de ses genoux pour ne pas se laisser glisser tandis que l'instructeur le tirera lentement et progressivement de son côté.

On veillera avec le plus grand soin à ce que chaque force qui agit séparément n'en mette pas d'autres en jeu, c'est-à-dire que le mouvement du bras n'influe jamais sur les épaules; il devra en être de même pour les cuisses, par rapport au tronc; pour les jambes par rapport aux cuisses et etc. le déplacement de l'assouplissement de chaque partie isolée une fois obtenu on déplacera momentanément le buste et l'assiette, afin d'apprendre au cavalier à se remettre en selle de lui-même, voici comment l'on s'y prendra, l'instructeur placé sur le côté, poussera l'élève par la hanche de manière à ce que son assiette se trouve portée en dehors du siège de la selle; l'élève pour se remettre en selle ne devra faire usage que des hanches et des genoux afin de ne se servir que des parties les plus rapprochées de l'assiette.

Ce point de l'éducation étant atteint, un mois ne se sera pas écoulé depuis le jour où aura été hissé en selle un lourd conscrit que déjà à l'aide d'une gymnastique équestre, justement combinée et employée, on aura développé les organisations physiques les plus contraires à l'arme.

L'élève ayant franchi les épreuves préliminaires, attendra avec impatience les premiers mouvements du cheval pour s'y lier avec l'aisance d'un cavalier déjà expérimenté.

Au bout de quatre jours on pourra lui faire prendre la bride dans la main gauche, on l'attachera à ce que la main droite qui se trouve libre, reste à côté de la gauche afin que le cavalier prenne de bonne heure l'habitude d'être placé carrément.

Quinze jours seront consacrés au pas, au trop et même au galop. Ici l'élève doit uniquement chercher à suivre les mouvements du cheval ; en conséquence, l'instructeur l'obligera à ne s'occuper que de sa position, et non des moyens de direction à donner au cheval.

On exigera seulement que le cavalier marche droit d'abord devant lui puis en tous sens une rêne de bridon dans chaque main.

Le travail reçoit plus ou moins d'extension, en raison de la nature de l'élève : si l'on a des cavaliers déjà instruits on l'appliquera comme passe-temps.

Flexions latérales de l'encolure, le Cavalier étant à Cheval.

1°. Pour exécuter les flexions à droite le cavalier prendra une rêne de bridon dans chaque main ; la gauche sentant à peine l'appui du mors ; la droite au contraire, donnant une impression modérée d'abord, mais qui augmentera en proportion de la résistance du cheval et de manière à la dominer toujours — L'animal fatigué bientôt d'une lutte qui, en se prolongeant rend plus vive la douleur provenant du mors, comprend que le seul moyen de l'éviter est d'incliner la tête du côté où se fait sentir la pression.

2°. Dès que la tête du cheval aura été ramenée à droite la rêne gauche formera opposition, pour empêcher le nez de dépasser la perpendiculaire. On doit attacher une grande importance à ce que la tête reste toujours dans cette position ; la flexion sans cela serait imparfaite et la souplesse incomplète. Le mouvement régulièrement accompli on fera reprendre au cheval sa position naturelle par une légère tension de rêne gauche.

Pour la flexion à gauche, mêmes principes, moyens inverses, le Cavalier employant alternativement les rênes du bridon et celles de la bride.

Flexions et Mobilisations de la Croupe.

1º Le Cavalier tiendra les rênes de la bride dans la main gauche et celles du bridon croisées l'une sur l'autre dans la main droite, les ongles en dessous, il ramènera d'abord la tête du cheval dans sa position perpendiculaire par un léger appui du mors; après cela, s'il veut exécuter le mouvement à droite il portera la jambe gauche en arrière des sangles et la fixera près du flanc de l'animal, jusqu'à ce que la croupe cède à cette pression. Le Cavalier fera sentir en même temps la rêne du Bridon. Du même côté que la jambe en proportionnant son effet à la résistance qui lui sera opposée.

De ces deux forces imprimées ainsi par la rêne gauche et la jambe du même côté, la première est destinée à combattre les résistances et la seconde à déterminer le mouvement. On se contentera dans le principe de faire exécuter à la croupe un ou deux pas seulement.

2º La Croupe ayant acquis plus de facilité de mobilisation on pourra continuer le mouvement de manière à compléter à droite et à gauche des pirouettes renversées. Aussitôt que les hanches céderont à la pression de la jambe, le Cavalier, pour arriver à l'équilibre parfait du cheval, fera sentir immédiatement la rêne opposée à cette jambe.

Pour disposer votre Cheval aux flexions d'encolure et l'habituer à votre voix, parlez-lui en allant le voir à l'écurie, portez-lui de temps à autre un morceau de pain, un morceau de sucre ou du moins donnez-lui une caresse, présentez ce morceau de pain ou une poignée d'avoine au bout du nez de votre cheval, retirez ensuite la main vers le flanc et plus tard vers l'encolure et vous verrez l'animal faire tous les efforts imaginables pour s'en emparer; Les flexions d'encolure ne seront plus ensuite qu'un jeu.

Un dernier mot sur les notions préliminaires;

L'Arabe pas plus que son cheval, n'a besoin de passer par cette instruction préparatoire ; pour donner une idée de la souplesse et de l'agilité de ce Cavalier d'élite je vais signaler un fait qui s'est passé sous mes yeux : très souvent les Spahis de l'escadron que je commandais, pendant les marches que nous faisions sur des fronts très-étendus, se jetaient à bas de cheval et prenaient des lièvres qu'ils avaient aperçus blottis ou donnant dans des touffes d'Alfa. J'ai vu encore à une expédition que nous fîmes sous les ordres du Général Renault, un officier indigène de l'escadron nommé Adje-Adda, qui est maintenant en retraite et qui était alors très-vieux puisqu'il avait été Corsaire au service des Algériens du temps du premier Empire, je l'ai vu, dis-je, charger un Lynx ; arrivé à sa hauteur il prend un galop modéré, ôte un de ses burnous, le jette sur la tête du Lynx, se précipite en même temps à bas de Cheval et l'apporte dans ses bras au Général.

Quant aux chevaux arabes, leur adresse et leur agilité sont encore plus surprenantes, et si, en poursuivant l'ennemi dans les ravins ou dans la montagne, on se trouve dans une fausse position, on peut, en toute sécurité, s'en rapporter à eux.

L'Arabe connaît parfaitement le Cheval et le monte encore mieux, s'il juge qu'une partie soit faible, il y met de suite le feu. Il emploie aussi le feu avec succès contre les épaules froides et chevillées ; s'il a un cheval froid il le fait chabiner ; cette opération consiste à faire avec le Chabire cinq à six raies qui prennent en dessous des flancs et arrivent à la hauteur des hanches ; en un mot, il emploie le chabire comme aide et comme moyen de Châtiment.

Pour habituer le cheval à l'éperon nous marcherons avec plus de réserve, par la raison que nos Chevaux n'ont pas autant de moyens que les leurs et que leur éducation première a été toute différente, nous commencerons donc par lui faire sentir les jambes, nous répéterons ces actions de jambes lorsque le cheval sera en marche afin de le pousser sur la main ; cette main s'élevera un peu et s'abaissera presque aussitôt ; nous passerons ensuite aux petits coups de mollets puis à l'éperon et enfin aux attaques ; on ne doit user de tous ces moyens qu'avec une extrême réserve et seulement lorsque le cheval semble suffisamment confirmé dans l'enchaînement de ces principes.

Position du Cavalier à Cheval

L'Instructeur expliquera la position du Cavalier à cheval, homme par homme, il la rectifiera avec soin, il veillera en outre à ce que l'homme donne au buste le plus d'extension possible, que les épaules soient sur la même ligne, qu'il n'y en ait pas une plus basse ou plus en arrière que l'autre ; que le cavalier regarde constamment entre les oreilles de son cheval ; qu'il ait la tête droite, aisée et dégagée des épaules, que son menton soit près du col sans le couvrir, que ses bras tombent naturellement près du corps, sans y être collés ; que ses poignets suivent bien la direction des bras ; que ses cuisses soient tournées sur leur plat que ses genoux se fixent bien à la selle tout en conservant le liant nécessaire pour porter les jambes en avant et les replacer ; que ses jambes soient constamment près du cheval tout en tombant naturellement, que la pointe de ses pieds tombe de même ; que le mouvement de sa tête de ses bras et de ses jambes soit complètement indépendant de son buste, qui, dans toute circonstance, doit conserver sa tenue. Pour habituer les cavaliers à ces assouplissements on se reportera aux notions préliminaires et on observera dans tout son contenu, le travail en selle prescrit par Baucher. On fera aussi marcher comme il le prescrit aux différentes allures, et on ne s'attachera qu'aux positions sans avoir égard aux moyens de conduite qu'emploieront plus tard les cavaliers.

Position

Position de la main de la Bride

Comme l'ordonnance, avec cette différence que les doigts doivent être bien concentrés vers le corps sans être complètement fermés, par la raison que cette position de la main n'est pas naturelle, qu'il en résulte une gêne qui dans la suite produit de l'engourdissement, il s'en suit des effets de main sans justesse dont le cavalier s'aperçoit difficilement parce qu'il ne fait pas de remise de main, c'est-à-dire qu'il ne relâche pas les doigts de temps à autre en rendant à son cheval tout en les maintenant avec le pouce et le premier doigt pour reprendre ensuite la position première; du reste en recommandant de bien fermer les doigts, l'ordonnance espérait mieux fixer les rênes dans la main; on peut arriver au même résultat en les fixant avec le pouce qui appuie tout naturellement sur la seconde jointure du premier doigt. Lorsqu'au manège on marche à main gauche, l'on tient tout aussi solidement les rênes avec le pouce et le premier doigt car les autres doigts bien que ployés n'ont guère d'action sur elles, et cependant elles sont tout aussi solidement placées dans la main droite que dans la main gauche.

Le petit doigt ne doit pas non plus, comme l'indique l'ordonnance, être plus près du corps que le haut du poignet, par la raison qu'il donne au poignet une position forcée, il faut qu'il conserve tout simplement avec le premier doigt une position perpendiculaire par la raison encore tout simple que cette disposition du poignet fait gagner près de deux pouces dans les mouvements de main de bride et qu'il est même à remarquer que des rênes bien ajustées, sont presque toujours trop longues lorsque le cheval se rassemble ou que l'on exécute des mouvements aux allures vives.

L'Instructeur s'attachera dès le principe à bien faire comprendre aux cavaliers combien il importe d'avoir des rênes égalisées afin que le mors puisse, au rassemblé porter également sur les barres; en agissant autrement avant de se mettre en mouvement la tête du cheval n'est plus droite, l'encolure suit cette fausse direction, il en résulte que le cheval au lieu de marcher droit, se porte en avant de travers et pour peu que le cavalier use souvent du même moyen, il finit par avoir toutes les peines du monde à remettre son cheval droit. Cet inconvénient se reproduit si l'on fait souvent promener son Cheval à la même main.

Du rassemblé sur place.

La main ainsi placée avec des rênes légèrement tendues, le cavalier aura fort peu de chose à faire pour rassembler son cheval; il suffira qu'il approche le petit doigt du Corps jusqu'à ce qu'il sente l'appui du mors, il approchera en même temps les jambes; le rassemblé obtenu, replacer la main et les jambes par degrés comme on a dû les employer.

Des Flexions

Voir aux Notions préliminaires ce que dit Baucher à ce sujet.

Des mouvements principaux de la main de la bride.

Ordonnance. En élevant un peu la main et la rapprochant du Corps, on rassemble son Cheval: Je trouve cette explication incomplète il faut non seulement rapprocher la main du Corps mais encore glisser en même temps les Jambes le long des côtes du Cheval.

En augmentant l'effet de ces aides, et en rendant aussitôt, souvent, plusieurs fois de suite si le Cheval n'obéit pas au premier avertissement, on ralentira son allure. Pour arrêter il ne suffit pas seulement d'augmenter encore l'effet de la main mais il faut aussi, tout en portant le haut du corps en arrière, proportionner l'action des jambes afin d'aider le Cheval dans ce temps d'arrêt, de même que pour reculer, il ne suffit pas de produire plus d'effet de rênes que pour arrêter surtout si l'on arrête aux allures vives; je trouve plutôt qu'il en faut moins si, avant l'exécution du mouvement, on a soin de rassembler convenablement son cheval.

Il faut encore habituer son cheval à se rassembler à la simple indication de la main et de réserver pour les allures vives les effets plus prononcés, car si, dès le principe, vous accoutumez le Cheval à ne se rassembler qu'en élevant la main à la dernière limite que vous restera-t-il lorsqu'aux allures vives vous voudrez obtenir des effets de rênes instantanés! cette simple indication suffira, je pense, pour faire comprendre au Cavalier combien il doit être avare des moyens restreints de conduite dont il dispose; il n'en est pas de même des jambes, dans l'acception que je signale, nos ressources sont bien plus étendues puisque nous avons d'abord l'indication des jambes, puis la pression et enfin l'attaque.

Il y a ici une observation à ajouter, c'est qu'après avoir ramené la main vers soi et glissé les jambes en arrière des sangles, il faut rendre aussitôt pour reprendre de suite la tension des rênes et le concours des jambes.

Il est encore tout naturel de faire des oppositions de rênes et de jambes si le cheval ne recule pas droit afin de faire rentrer dans la ligne droite les parties qui s'échapperaient. En baissant un peu la main on donne à son cheval la liberté de se porter en avant. On ne doit pas baisser la main, on doit céder à la sollicitation du cheval en laissant filer très-peu la main devant soi pour la replacer aussitôt lorsque, porté par les jambes sur la main, votre cheval cherche ce léger point d'appui qui le met en communication avec vous; mais s'il le recherche trop, s'il prend votre main pour une cinquième jambe, il faut la lui refuser en rendant et en reprenant jusqu'à ce qu'il se décide à devenir léger. Lorsque le cheval pèse à la main et qu'il s'obstine à ne pas vouloir alléger ses épaules et son arrière-main, aussi bien de pied-ferme qu'en marche, accompagnez ces effets de rênes, d'effets de jambes plus déterminés afin de le forcer à se rassembler et si cette injonction ne suffit pas allez jusqu'aux coups de mollets et même jusqu'à l'éperon ; seulement prenez garde à ces deux derniers moyens parce que si vous ne recevez pas moelleusement votre cheval sur la main, si votre cheval enfin n'a pas confiance dans la main qui le dirige, non seulement votre but sera manqué en ce sens qu'il ne prendra pas le point d'appui, mais encore il s'enterrera, il fera des demi-tours ou se cabrera parce qu'il prendra pour un châtiment ce qui n'était de votre part qu'un sérieux avertissement auquel il n'était pas encore suffisamment préparé.

En portant la main en avant et à droite, on détermine son Cheval à tourner à Droite. (Ordonnance encore)

Pourquoi aller chercher au loin ce que l'on possède sans se déranger et surtout sans s'exposer à perdre la bonne position à cheval que l'on pourrait avoir. Au lieu de porter la main en avant comme l'indique l'ordonnance rassemblez d'abord votre cheval comme nous l'avons prescrit, renversez ensuite le poignet, les ongles en dessus, la main n'a que fort peu de chose à faire pour produire une tension sur la rêne gauche et marquer sur la barre gauche un léger temps d'arrêt ; la main ainsi disposée vous n'avez qu'à la pousser un peu vers votre droite, sans la porter ni en avant ni en arrière, glissez en même temps la jambe gauche vers le flanc du cheval à la hauteur des sangles et plus s'il est nécessaire ; soutenez en même temps de la jambe droite et si le cheval tourne trop précipitamment, faites aussitôt une légère opposition de rêne droite. Si dans ce mouvement, le cheval jetait ses hanches à droite maintenez-les en glissant la jambe droite vers les sangles ; il

ne faut, dans aucun cas, tourner outre mesure la pointe des pieds en
dehors, comme le font certains cavaliers lorsqu'ils veulent rassembler leurs
chevaux, ou exécuter un mouvement ; cette disposition des pieds fait que
le cavalier en les tournant ainsi et en faisant prendre aux jambes la
même direction, détruit ses moyens de tenue par la raison qu'en éloignant
ces diverses parties du cheval il perd l'assiette ; que les genoux eux-mêmes
quittent la selle, que les cuisses ne se trouvent plus sur leur plan et
qu'elles manquent complètement d'adhérence, il vaut mieux en pareil
cas que la pointe des pieds soit un peu tournée en dedans parce qu'on ne
perd aucun des points de contact qui doivent lier l'homme au cheval.
Faites-en l'expérience et vous vous assurerez par là de la justesse de mes
observations. Il faut encore que ces effets de main soient proportionnés
à la sensibilité de la bouche du cheval ; il en est de même des jambes
pour le corps, parce qu'en agissant trop durement ou trop brusquement
l'on force la légère inclinaison que doit avoir la tête et l'encolure et que
l'on court encore le risque de faire acculer le Cheval.

Pour tourner à gauche mêmes principes et moyens inverses, le
Cavalier renversera le poignet les ongles en dessous de manière à produire
la tension sur la rène droite et fixer le côté droit sur la barre du cheval
ainsi que l'épaule du même côté ; il poussera ensuite avec la jambe et le
genou droits la jambe gauche près des sangles pour soutenir ; il fera en
même temps une légère opposition de rène gauche, toujours par les
moyens opposés à ceux de l'Ordonnance.

Quant aux demi-tours à droite et aux demi-tours à gauche, le
Cavalier doit les exécuter suivant les mêmes principes, en observant
de parcourir le demi-cercle prescrit et pour cela il lui suffira d'opposer des effets de rènes et de jambes entendus si le Cheval cherchait à
tourner trop court, enfin que dans tous les mouvements votre Cheval
soit suffisamment rassemblé. Il faut encore lorsque vous poussez

d'une rêne recevoir de l'autre par une légère opposition : vous continuez d'après ce système jusqu'à ce que vous arrêtiez.

Le même mécanisme a lieu pour les jambes, toutes ces oppositions ont pour objet d'établir la fluctuation qui assure l'équilibre.

Le quart d'à droite et le quart d'à gauche ont lieu suivant les mêmes principes, il ne s'agit que d'employer dans la limite de ce que l'on veut obtenir, les effets de rênes et de jambes

Marcher à Main-Droite

Les principes ci-dessus étant posés, on rassemble son Cheval ; on peut, par la direction de la tête s'apercevoir si le mors porte également sur les barres ; une fois en mouvement il faut tâcher de conserver la position qui a été donnée de pied ferme, on éveillera l'attention du cheval par des petits coups de mollets judicieusement appliqués ; il seront reçus par une main souple qui s'élèvera en même temps, ou presqu'en même temps, pour rendre aussitôt et reprendre la position de la main de la bride afin d'assurer la direction et la marche du cheval ; on les répétera à l'infini jusqu'à ce que le cheval devienne fin aux aides. En commençant on ne marchera que fort peu.

Afin de maintenir l'élève carrément à cheval, il faut lui faire prendre la rêne droite avec le pouce et les deux premiers doigts, la rêne reposant sur la partie externe du 3ᵉ doigt, le pouce allongé et dirigé à gauche. Pendant les marches ne jamais perdre de vue la position du Cavalier à mesure qu'il passe devant vous.

Arrêter

Au Commandement préparatoire rassemble son Cheval, au

commandemens d'exécution, porter le haut du Corps un peu en arrière et rapprocher également les jambes des flancs du Cheval pour le forcer à ramener ses extrémités inférieures vers le centre de gravité, en observant toutefois de laisser les genoux fixés à la selle et de ne pas les ouvrir comme le font certains cavaliers; comme le rassemblé et les petites attaques successives qui ont eu lieu pendant la marche fatiguent le Cheval, je prescrirai de nouveau à l'Instructeur de faire faire de fréquents repos, soit de pied ferme, soit en marche et de recommander aux hommes de relâcher les rênes et les jambes. Pour fixer l'attention des Cavaliers on commandera à vos rênes. répéter ces deux mouvements au trot.

Doublé individuel et Changement de main au mois en marchant à Main droite

Pour exécuter ce changement, on rassemblera son cheval, on renversera la main de la bride les ongles en dessus en rapprochant le petit doigt du corps; on poussera la main un peu à droite plus ou moins suivant la sensibilité du Cheval, de manière à ne pas le faire reculer, on glissera la jambe gauche un peu en arrière des sangles, sans contourner le pied, on poussera le cheval à droite en pesant un peu plus sur la fesse gauche afin de charger le côté gauche du cheval et de rendre le côté droit libre; on soutiendra en même temps de la rêne droite; le mouvement obtenu on replacera la main de la bride; il en sera de même de la jambe droite que l'on glissera le long des côtés du Cheval afin de fixer les hanches et de les empêcher d'aller à droite; au milieu du manège on rassemblera de nouveau son cheval en portant le haut du corps un peu en arrière et en pesant un peu plus sur la fesse droite pour prévenir le Cheval de

la direction nouvelle que l'on veut lui faire prendre, ceci obtenu; on
maintiendra la main de la bride au point où elle est, on glissera ensuite
la jambe droite en arrière des sangles on renversera la main de la bride,
les ongles en dessous afin d'imprimer un temps d'arrêt à la barre droite
et de fixer l'épaule du même côté pour rendre l'épaule gauche libre ;
on poussera en même temps la main à gauche, le pouce dirigé vers
le corps, le coude gauche un peu détaché; la jambe droite accompagnera
l'effet de la main et la jambe gauche sera prêt pour soutenir; en ayant
soin d'opposer aussitôt de la rêne gauche. Arrivé sur la piste on
reprendra la position de la main de la bride et remettra son Cheval
droit. Ainsi voilà deux mouvements opposés, qui obligent le Cheval à
repartir ses forces tout en contraignant l'homme à employer des moyens
de conduite tout différents; ceci a encore l'avantage de détruire la raideur
du Cheval et de le disposer à l'assouplissement des épaules et des
hanches (répétez ce mouvement au trot).

Marcher à Main Gauche.

Pour habituer le cavalier à se servir également des deux mains
l'instructeur lui fera prendre les rênes dans la main droite, les ongles en
dessous, la main gauche sur le côté; il surveillera l'épaule gauche et
exigera qu'elle soit Constamment sur la même ligne que la droite
il tiendra les rênes entre le pouce et le premier doigt, le pouce appuyé
sur la seconde jointure l'extrémité des rênes sortant du côté du petit
doigt dans lequel on engagera le filet. Il y a encore un meilleur moyen
de tenir le filet, c'est de le prendre dans la main gauche l'extrémité
des rênes sortant du côté de la première jointure du premier doigt.
ce qui ne gêne en rien l'action du pouce et du premier doigt, il en
sera de même lorsqu'on aura les rênes dans la main droite. employer

pendant la marche les mêmes moyens de conduite qu'à main droite.

Pour tourner à gauche renverser un peu le poignet le dessus de la main tourné vers le pommeau de la selle de manière à raccourcir un peu la rêne droite, porter la main plus ou moins à gauche suivant la sensibilité du Cheval, pousser de la jambe droite et contenir de la jambe gauche ; le mouvement obtenu faire une légère opposition de rêne gauche les ongles en dessous en accompagnant cet effet de rêne d'un petit mouvement de jambe gauche. Pour tourner à droite mêmes principes en observant d'avoir la main les Ongles en dessous afin de produire la tension de la rêne gauche. Veiller à ce que dans tous ces mouvements les épaules soient toujours sur la même ligne.

Lorsque l'on a les rênes dans la main gauche, il faut engager le filet dans le petit doigt comme on l'a fait pour la main droite ou bien dans la main en le faisant sortir du Côté de la première jointure du premier Doigt. La marche aux deux mains, les arrêts et les départs ainsi que les changements de main au mur par la jambe du dehors seront employés jusqu'à ce que l'on obtienne un résultat satisfaisant; on fera aussi exécuter en marche les assouplissements du corps au commandement de l'Instructeur. On consacrera à chaque séance un repos de cinq minutes, pendant lequel le cavalier fera exécuter à son cheval quelques flexions ; à cet effet les cavaliers exécuteront un doublé individuel, arrêteront et sauteront une ou deux fois à terre et à Cheval avant le repos, pour recommencer ils sauteront également à cheval (répéter ce mouvement au trot)

Serpenter.

Un travail trop prolongé en ligne droite dans les conditions que je viens d'indiquer a, selon moi l'inconvénient de rendre les chevaux raides et d'encourager chez eux la disposition à la résistance ; cette remarque est particulièrement applicable aux jeunes chevaux de remonte que des cavaliers souvent inhabiles entreprennent et auxquels il est difficile de donner le tact désirable ; le cheval aura de la franchise, il sortira bien du rang, il aura de bonnes allures, seulement si vous le montez vous trouverez un cheval sans moyens parcequ'une trop grande insistance sur la marche directe l'aura confirmé dans ses mauvaises dispositions et qu'on aura passé trop facilement sur la position du Cavalier et sur les moyens de conduite : Une fois ce Cheval à l'école d'escadron la chose va de mal en pis, parce que les sous-officiers de peloton qui seraient à même d'apprécier l'homme et le cheval ne disent pas au Cavalier ce qu'il doit faire pour en tirer parti, aussi ces chevaux, à moins de conformations remarquables, deviennent-ils dans le rang des chevaux excessivement désagréables ; si, au lieu de laisser les cavaliers livrés à eux-mêmes, on avait soin de leur inculquer le goût du cheval, si on s'attachait, par des avis bienveillants, à leur donner la perfection qui distingue le cavalier d'élite, l'homme prendrait son métier plus au sérieux et on n'aurait plus à regretter d'accidents parce qu'alors la sympathie s'établirait entre le cavalier et le cheval je dois cependant confesser ici que l'on a dû tenter quelques efforts car j'ai trouvé chez les hommes, aux séances du manège civil une envie de bien faire qui laissera aux Instructeurs un grand sujet de satisfaction s'ils continuent à s'en occuper comme ils l'ont fait jusqu'à présent —.

Maintenant que le Cheval connaît les effets de rênes et de jambes, pour le préparer à une obéissance passive, il faut le faire serpenter.

Ce travail consiste (je suppose les cavaliers à main droite) à quitter la piste, après avoir préalablement rassemblé son cheval, à lui faire présenter l'épaule droite la première, pour cela il suffit de renverser la main de la bride, les ongles en dessus afin d'imprimer à l'épaule gauche le temps d'arrêt et de rendre l'épaule droite libre ; il faut ensuite glisser la jambe gauche comme nous l'avons indiqué, opposer aussitôt de la rêne droite et de la jambe droite pour équilibrer le Cheval, il faut aussi que le cavalier conserve les épaules sur la même ligne en donnant au Corps la direction qu'il fait prendre à son Cheval, il Continue de pousser avec la rêne et la jambe gauches, tout en contenant avec la rêne et la jambe droites jusqu'au point où il faudrait Changer de pied si l'on était au galop ; ce point se trouve vers le Centre du terrain que l'on parcourt en faisant le zig-zag ; alors on rassemble son Cheval comme on l'a indiqué aux doublés et aux changements de main au mur ; on l'y prépare moelleusement en portant le haut du corps un peu en arrière et en tirant la main à soi ou a Dans ce mouvement préparatoire, les jambes également près. on ramène ensuite la main de la bride les ongles en dessous afin de fixer l'épaule droite et de rendre l'épaule gauche libre, on pèse un peu sur la fesse droite. on glisse la jambe droite un peu en arrière, on pousse de la rêne et de la jambe droites, en contenant de la rêne et de la jambe gauches, et si le cheval n'obéit pas bien, on prend la rêne droite avec la main droite, afin de le forcer à avoir la tête du côté droit. Jouez ensuite avec la rêne droite lorsque vous poussez, agissez de même avec la rêne gauche lorsque vous opposez, pour que le Cheval ne prenne pas votre main comme point d'appui mais bien comme indication ; si ce moyen ne suffit pas. faites des remises de main ; c'est-à-dire rendez vivement et moelleusement pour reprendre aussitôt tout en poussant, et vous êtes certain D'arriver à un bon résultat.

J'ai vu plusieurs personnes, montant du reste parfaitement à cheval venir me raconter que leurs chevaux manquent de souplesse et cependant me disait l'une, je fais faire à ma bête beaucoup de flexions ; c'est possible lui ai je répondu vous faites bien tout cela sur place ; mais pendant que vous triomphez de la résistance d'un côté il s'en établit une de l'autre ; la combinaison des forces ne vous appartient Du pas, puisque l'animal vous reprend ce qu'il vous donne.

Pour moi me disait l'autre je fais tout l'opposé, je trouve que l'on peut
très-bien se passer de toutes ces flexions, je ne reconnais pour dresser un cheval
et pour le rendre agréable que la grand'route. voilà encore une hérésie; j'ai
vu à l'œuvre les partisans de cette méthode être emportés comme des flèches
et ne s'arrêter qu'où ils pouvaient, pour tourner à droite ou à gauche ils s'en
allaient toujours du côté opposé leurs chevaux n'avaient pas les rubans roide et
ils ne pouvaient pas leur faire exécuter le plus petit pas de côté : la raisonnem
est toute simple, comment eussent-ils pu le faire avec un cheval complètement
sur les épaules chez lequel tout les d'équilibre est détruit, ce qu'il y a faire en pareil
cas c'est de laisser reposer le cheval de ne pas le monter et de lui laisser
refaire les barres.

Concluons et disons que, pour être dans le vrai, il faut éviter d'abrutir
son cheval au manège l'extérieur lui donne généralement plus de franchise,
mais une fois qu'il est abonné, allez y souvent et à d'assez longs intervalles, ou
si vous y allez tous les jours n'y restez que peu de temps dans les commencements surtout et achevez par la promenade le travail commencé au manège.

Lorsque vous dressez un cheval et qu'il est lourd à la main habituez-le
d'abord aux aides ordinaires et puis, lorsqu'il les connaîtra parfaitement, prenez
une rêne de bridon dans chaque main, portez les mains le plus en avant
possible. élevez-les par de petits mouvements et accompagnez ces effets de mains
de petits coups de mollets; lorsqu'il y sera habitué, qu'il comprendra ce que
nous lui demandons, employez la bride dont l'action est bien plus sentie mais
employez la avec beaucoup plus de tact, et s'il arrive que votre cheval pèse
à la main, rejouez aussitôt et reprenez en même temps très-moelleusement
plusieurs fois de suite s'il est nécessaire et vous finirez par avoir un cheval
léger, cette disposition à s'enterrer se rencontre généralement chez les chevaux à
tête lourde à encolure mal sortie ou bien encore chez les chevaux bas de devant.
Les chevaux dont les membres sont peu en rapport avec le corps ou dont le rein

est long cherchent aussi une cinquième jambe dans ce cas refusez-là et faites entrer le rein dans la Décomposition de force. En un mot il est du devoir d'un bon cavalier de découvrir la partie faible de son Cheval et de lui venir en aide et pour cela des jambes et de la main s'il est faible du derrière; si c'est du devant encore des jambes et de la main; s'il est bien conformé toujours des jambes et de la main. Il faut enfin faire concourir avec plus ou moins d'énergie les différents ressorts qui doivent mettre la machine animale en mouvement (répéter ce mouvement au trot)

Demi-Volte individuelle marchant à Main Droite

Les moyens de Conduite sont toujours les mêmes, on commencera par rassembler son Cheval, on renversera la main de la bride comme je l'ai indiqué les ongles en dessus, on poussera de la rêne et de la jambe du dehors, en pesant un peu plus sur la fesse gauche que sur la fesse droite afin d'alleger le côté droit du Cheval et on opposera de la rêne et de la jambe du dedans; si le cheval cherche à tourner trop court ou à s'arrêter on augmentera l'effet des jambes; si le cheval ne se rassemble pas suffisamment à la pression des jambes ou s'il reste derrière la main éveillez sa paresse par deux petits coups de mollets en arrivant sur la piste on fera une opposition beaucoup plus marquée de rêne droite et de jambe droite afin de remettre son cheval parfaitement droit.

Dans ces demi-voltes il faut toujours se régler à droite afin d'arriver sur la piste en même temps que les nouveaux conducteurs qui doivent avoir une attention particulière à régler leur mouvement sur l'ensemble de la reprise s'ils veulent terminer en même temps qu'elle.

Demi-Voltes individuelles les cavaliers marchant à main gauche.

Mêmes principes et moyens inverses, on fera d'abord exécuter le mouvement les Cavaliers ayant les rênes dans la main gauche ensuite, on le leur fera exécuter les ayant dans la main droite.

Il faut donc dans toutes ces demi-voltes se régler du côté du nouveau conducteur; c'est-à-dire que si l'on marche à main droite, on doit se régler à droite et si c'est à main gauche on doit se régler à gauche. Il est essentiel de Conserver un bon mètre entre les deux reprises afin de ne pas se rencontrer surtout lorsqu'on sera aux allures vives; chaque cavalier en se réglant sur le nouveau conducteur, décrira une ligne parallèle à la sienne afin de ménager l'ensemble et d'arriver comme lui aux grands côtés. C'est de la justesse des aides des cavaliers que dépendra la régularité De ce mouvement. On répétera ces demi-voltes au trot mais seulement lorsque les hommes et les chevaux paraîtront suffisamment confirmés dans le travail au pas.

Marche circulaire au pas.

La marche Circulaire a encore pour objet d'assouplir le cheval et d'obliger le cavalier à une attention soutenue s'il veut observer l'emploi des aides et la régularité de la position. Ainsi en marchant à main droite l'instructeur fera avancer l'épaule gauche; le cheval sera ployé sur le cercle le bout du nez en dedans; c'est un excellent moyen de remettre les muscles du côté où le cheval galope. Règle générale il faut travailler autant à une main qu'à l'autre, c'est le moyen de ne pas fausser les différentes parties de l'animal que l'on doit toujours remettre à leur place. Si vous travaillez sur la ligne droite mettez le bout du nez de votre Cheval en dedans c'est-à-dire du côté où vous avez galopé. Si vous galopez sur le pied gauche le mouvement est inverse. mais n'anticipons pas puisque nous aurons occasion de parler du travail au galop. Pour la marche circulaire à main gauche. mêmes principes et moyens inverses. (répéter au trot)

Marcher la tête au mur étant à main droite

Le Cavalier rassemblera son Cheval exécutera un quart d'à droite et le mouvement achevé, il renversera la main de la Bride plus ou moins, les ongles en dessus, poussera de cette main, accompagnera cet effet de rêne d'un effet de jambe gauche ; après avoir ainsi poussé son Cheval de la rêne et de la jambe gauches, il opposera légèrement de la rêne droite, les ongles en dessous, ainsi que de la jambe droite qu'il évitera de contourner il évitera aussi de remonter les genoux comme le font certains cavaliers ; le buste doit conserver toute son extension, les coudes doivent être près du corps ; il faut charger un peu plus le côté gauche du Cheval et cela d'une manière imperceptible afin de maintenir sa position ; ce léger poids que l'on accorde à la partie gauche facilite le pas de côté par la raison que l'on allège le côté droit de l'animal ; ces divers effets de rênes et de jambes exigent du moelleux et une bonne position ; il faut jouer avec les rênes tout en les tenant suffisamment tendues.

Une remarque que j'ai faite, à l'occasion de tous ces pas de côté, c'est que, en me servant de la main droite lorsque j'appuie de ce côté j'obtiens des effets beaucoup plus justes ; il en est de même lorsque je veux appuyer à gauche ; je pense qu'il en est ainsi. De tout le monde ; je trouve que les rênes sont mieux dirigées que la main elle-même est plus adroite, que le Cheval s'y prête mieux et qu'enfin le corps de l'homme conserve une position plus régulière ; cette observation porte particulièrement sur les Chevaux dont l'éducation a été manquée et qui n'obéissent pas parfaitement aux aides. Ce que je trouve encore c'est que dans tous ces mouvements, beaucoup de Cavaliers s'affaissent, porté la tête et le corps en avant, et perdent de vue le centre de gravité si utilement recommandé.

Après quelques pas on arrêtera et on se portera vers le côté opposé ; dans les commencements on ne doit pas abuser de ces pas de côté ; il faut en faire peu, se montrer facile les premières fois et devenir ensuite plus

exigeant, envers les hommes et les Chevaux à mesure que leur instruction
se développe (répéter ces mouvements au trot)

Reculer et Cesser de Reculer.

Maintenant que le travail en place et les différentes figures de manège
ont assoupli les Chevaux, il ne nous reste, pour mobiliser complétement l'arrière
main qu'à faire exécuter le pas en arrière. Au commandement préparatoire
le Cavalier rassemblera son Cheval et au Commandement d'exécution il ramènera
la main vers le corps en fermant les jambes plus ou moins; si le Cheval se
jette d'un côté ou de l'autre, il fera des oppositions; ce que devra surtout éviter
le cavalier c'est d'acculer son Cheval c'est-à-dire de le laisser se servir des
jambes, sans faire entrer le rein dans la Décomposition de force; ainsi s'il
se traîne il l'éveillera par deux coups de mollets qui lui seront appliqués
plus ou moins vigoureusement suivant sa sensibilité tout en ne négligeant
pas, bien entendu de rapprocher du corps la main de la bride; le Cheval
ainsi rassemblé donnera alors ce que l'on désire obtenir de lui.

Lorsque l'on cesse de reculer, il faut arrêter bien droit, observer ce
que l'on doit faire en pareil cas, au Commandement préparatoire, si l'on
tient à obtenir une bonne exécution; il faut faire peu reculer, le faire
chaque jour si l'on veut, mais peu à la fois. Quant à ce qui est de
reculer au trot et au galop, en admettant que certains cavaliers privilégiés
puissent le faire, je ne le conseillerai jamais; ce travail peut amener
des tarr prématurées surtout s'il était exécuté par des mains dures, et
ensuite il ne nous offre aucune compensation pas plus dans notre
service habituel qu'à la guerre.

Contre changement de main par reprise étant à main droite

L'Instructeur commandera le contre changement de main à 3 mètres des coins ; le Cavalier comme pour tout ce qu'il doit exécuter, rassemblera son cheval, il renversera, comme il a été indiqué ; la main de la bride les ongles en dessus la poussera vers la droite ; il glissera en même temps la jambe gauche, sans la contourner, vers le flanc du cheval, opposera de la rêne droite et de la jambe droite continuera à pousser de la rêne et de la jambe gauches et ainsi de suite jusqu'à ce qu'il arrive à un mètre du milieu du manège ; arrivé à ce point il fera des oppositions de mains et de jambes plus senties tout en tirant un peu la main de la bride à soi afin de maintenir le cheval sur place avant de le pousser droit devant lui ; il marchera deux ou trois mètres dans cette direction, rassemblera de nouveau son cheval, renversera la main de la bride les ongles en dessous, poussera de la rêne et de la jambe droites, opposera de la rêne et de la jambe gauches jusqu'à ce qu'il arrive sur la piste ou il fera encore des oppositions plus senties afin d'équilibrer son cheval avant de le porter en avant. Chaque Cavalier devra passer exactement sur le même terrain que les Conducteurs en suivant de point en point ce qu'ils auront exécuté ce travail est difficile ; pour être exécuté avec coquetterie il exige un tact tout particulier. — Répéter ce mouvement en marchant à main gauche et lorsqu'il sera correctement exécuté le faire faire au trot.

Volte individuelle par la demi hanche étant à main droite.

Mêmes principes que pour la demi-volte. Il en est de même de la volte à main gauche. — Répéter ces mouvements au trot (étant au trot arrêter étant de pied ferme partir au trot ;

Doubler par quatre dans la longueur du manège étant à main droite.

Pour remettre les chevaux sur la ligne droite, l'Instructeur fera doubler par quatre dans la longueur du manège il faut que les N.ᵒˢ 1. 2. 3. se règlent sur les N.ᵒ 4 et que ces N.ᵒˢ 4 embrassent bien leur terrain pour loger leur reprise, en arrivant sur le petit côté opposé. Ce travail étant bien exécuté au pas s'exécutera également bien au trot et au galop

On répétera ce travail à main gauche au pas et ensuite aux deux mains au trot. Lorsque ces doublés dans la longueur auront été bien compris, l'Instructeur arrêtera les reprises un peu avant d'arriver au petit côté opposé à celui qu'elles quittent et il commandera ensuite de se préparer à prendre une demi-hanche à gauche, si l'on marche à main droite et à droite si l'on marche à main gauche afin de ne pas perdre de vue les assouplissements recommandés; l'instructeur fera ensuite prendre une demi-hanche du côté opposé pour revenir à la place que les reprises occupaient précédemment afin de reprendre le cours du mouvement; il commandera ensuite de se porter en avant.

Demi-tour individuel les cavaliers marchant à main droite.

Au Commandement préparez-vous au demi-tour individuel, le cavalier prendra un pas en dedans du manège. Au Commandement exécutez le mouvement le cavalier élèvera la main en la rapprochant du Corps fermera les jambes également; il renversera la main de la bride aussitôt les ongles en dessous la poussera vers la gauche, la main près du corps, poussera en même temps de la jambe droite, la jambe gauche près, tout en opérant un léger arrêt sur les barres, afin que le cheval tourne sur lui-même. Répéter ce mouvement à main gauche. Exécuter ce mouvement au trot; il faut dans ce dernier cas, rendre la sollicitation plus pressante au mouvement préparatoire et employer à la seconde partie de ce mouvement une plus accentuée de main et de jambes. Le Demi-tour exécuté appuyer avec la même facilité de la main gauche et de la jambe gauche, fermer aussitôt les jambes également et pousser son Cheval dans la nouvelle Direction ; Ne pas oublier de fixer la main pour recevoir le cheval (répéter ce mouvement à main gauche, puis au trot).

Du Trot Allongé.

Pour sortir du Travail raccourci l'Instructeur fait allonger le trot ; au commandement allongez : le Cavalier emploiera les mêmes moyens de conduite que pour le trot de manège avec cette différence qu'il donnera plus d'action aux jambes et qu'il rendra vivement et moelleusement après l'opposition de la main de la bride.

Il prendra le petit trot ; s'il n'y est déjà, et portera peu à peu l'allure au degré prescrit ; au moyen des jambes et de la main, il forcera son cheval à se servir des reins. l'empêchera de se mettre sur les épaules et de laisser traîner son arrière-main ; si le Cheval est sur les épaules, élever de temps en temps la main pour refluer l'avant-main sur l'arrière-main et recevoir ce poids par deux petits coups de mollets afin d'établir le ballottement qui détermine l'équilibre ; il en est de même si le Cheval forge de petits coups de mollets et recevez sur la main afin d'établir le même ballottement. Les genoux ne doivent dans aucun cas quitter la selle, le corps doit aussi tomber d'aplomb sur les hanches et la pointe des fesses doit porter à la même place ; il faut également éviter de contourner les pieds et les jambes. Pour ralentir on suivra la même progression que pour partir.

Passer successivement de la tête à la queue de la Colonne étant à main droite

Au commandement préparatoire rassembler son cheval, sortir ensuite de la Colonne par le pas de côté en se servant de la rène et de la jambe gauches, avec opposition de rène et de jambe droites ; le Cheval étant équilibré le porter en avant et exécuter le reste du mouvement comme pour une demi-volte ordinaire, en ayant soin de la fermer assez à temps pour ne pas trop se rapprocher de la colonne et éviter les coups de pieds.

Pour prendre la piste on se servira de la rêne et de la jambe gauches en employant la demi-hanche et l'on fera une opposition sentie de rêne et de jambe droites; en arrivant sur la piste, recevoir des aides opposées, afin d'éviter toute hésitation, et se porter droit devant soi. Ce mouvement étant exécuté correctement, l'Instructeur fera sortir les Nos impairs et ensuite les Nos pairs, en recommandant aux cavaliers qui suivent de conserver vide la place des Cavaliers sortis. Exécuter ce même mouvement aux deux mains et ensuite au trot.

Demi-Voltes individuelles renversées étant à main Droite.

L'Instructeur fera le commandement préparatoire, un peu avant que les Conducteurs de reprise n'arrivent aux angles du manège; afin que les Cavaliers aient le temps de rassembler leurs chevaux; le mouvement s'exécutera comme il est indiqué pour la demi-volte simple; les cavaliers se porteront ensuite six pas droit devant eux et répéteront le même mouvement comme s'ils marchaient à main gauche. L'Instructeur coordonnera ses commandements de manière que chaque conducteur de reprise, après sa demi-volte ait devant lui le terrain nécessaire pour ne pas dépasser l'angle du manège. Une fois ces mouvements bien compris les répéter au trot.

Voltes successives renversées par reprises et à main Droite.

Mêmes principes que pour les voltes simples, avec cette différence cependant que les Conducteurs doivent, pour terminer leur première volte, quitter la piste, appuyer vers la droite à deux mètres de la piste opposée, changer de pied et venir par la ligne la plus courte, reprendre la piste qu'ils avaient quittée ; ils recommenceront à décrire à main gauche le cercle qu'ils avaient décrit à main droite, avec cette différence encore que ce second cercle se terminera par la demi-volte afin de revenir à la main première c'est-à-dire à main droite.

Une chose essentielle à observer c'est qu'il faut que les conducteurs se règlent et qu'en terminant leur premier cercle ils se ménagent le terrain nécessaire pour passer entre le mur et leur reprise lorsqu'ils exécutent leur deuxième volte ; il faut aussi que les cavaliers passent exactement par les mêmes points que les conducteurs afin de ne pas gêner le mouvement. Répéter ce mouvement à main gauche et ensuite au trot.

Du Travail Extérieur.

Après un travail de manège aussi sérieux que celui que nous venons d'indiquer, on peut aller à l'extérieur un jour c'est-à-dire de loin en loin et profiter de cette sortie pour faire reprendre au cheval l'allure réglementaire, on reviendra pendant le cours de la promenade aux allures de manège afin de passer alternativement de l'une à l'autre allure. On profitera encore de cette sortie, pour entreprendre le travail au galop, pour cela on dirigera la promenade vers le terrain de manœuvre, on débutera par un galop assez allongé et on le réduira ensuite le plus possible. On fera d'abord marcher les cavaliers aux deux mains en colonne par un ils passeront successivement du pas au trot du trot au galop ; lorsque les chevaux auront jeté leur premier feu l'Instructeur fera ranger ; les Cavaliers rompront ensuite par deux à une assez grande distance, ils prendront le trot et à tour de rôle ils passeront au galop

pendant que l'un d'eux continuera de marcher à un trot d'abord assez
allongé pour donner à son voisin la facilité de bien asseoir son cheval au
petit galop, lorsqu'il verra le galop assis, il ralentira le mouvement et le laissera
dépasser, s'il est nécessaire afin que l'autre cavalier ait toute la latitude
possible de réduire son galop. Ce mouvement alternatif sera répété plusieurs
fois.

On peut par ce moyen, si le Cavalier fait un emploi judicieux
des aides, arriver à un bon galop de manège, surtout si l'homme garde une
bonne position, et si pardessus tout, il a soin d'assurer le centre commun
de gravité. Les moyens de conduite avons-nous dit, sont les mêmes aux
trois allures; un Cheval bien préparé au pas, sera bien mis, sera léger
au trot: il en sera de même au Galop si l'on a observé toutes ces dispositions. Pour partir au galop, lorsqu'on sera au trot à main droite, le
Cavalier rassemblera son Cheval, le fera marcher quelques pas ainsi
rassemblé avec des rênes courtes la main de la bride légère et les jambes
près, il verra si son cheval donne dans la main, si en un mot, il
prend avec confiance le léger point d'appui qui lui est offert; s'il ne le
prenait pas c'est qu'il redouterait les effets de main; il se pourrait encore
qu'il n'en voulût pas parce que le cavalier aurait négligé de le rassembler
suffisamment; si le Cheval prenait sur la main un trop grand point
d'appui, c'est qu'il serait sur les épaules. Pour éviter tous ces inconvénients,
que le cavalier équilibre donc convenablement son cheval et lorsqu'il
sentira le va et vient de l'avant-main sur l'arrière-main et de l'arrière-
main sur l'avant main, lorsqu'enfin il sera arrivé à la mobilisation
complète de ces deux parties, il pourra être sûr du parfait équilibre
de son cheval; que reste-t-il ensuite à faire? peu de chose; renverser
la main de la bride les ongles plus ou moins en dessus suivant la sensibilité du Cheval, glisser en même temps la jambe gauche vers le flanc
du cheval pour obtenir le quart d'à gauche, soutenir un peu de la jambe

droite avec opposition de rêne droite, maintenir le Cheval dans la direction du quart d'à gauche jusqu'à ce qu'il soit suffisamment préparé à prendre le galop, fermer alors un peu plus les jambes toujours dans la position où elles se trouvent, recevoir moëlleusement sur la main en cédant un peu pour reprendre aussitôt ; que le Cavalier ne laisse pas l'épaule droite en arrière après l'exécution du quart d'à gauche ; que les genoux et les fesses ne quittent pas la selle ; que le corps conserve son extension ; que la tête ne perde pas sa direction et que si elle penche un peu ce soit plutôt à gauche qu'à droite afin de seconder le léger appui qui a lieu sur la fesse gauche ; que le bout du nez du cheval ne porte pas à droite au lieu de porter à gauche, bien que certains Cavaliers prétendent le contraire ; cela se comprend, le Cheval ne voulant pas galoper sur le pied droit, porte la tête à droite et annihile ainsi les moyens de conduite de son Cavalier ; il fixe l'épaule droite et rend libre l'épaule gauche ; tandis qu'en se conformant en tout point à ce que nous avons dit ; Comment le cheval pourrait-il se soustraire à ce que nous exigeons de lui ? La disposition de la tête qui porte un peu à gauche paralyse l'action des muscles de la partie gauche de l'encolure, tandis qu'elle fait tendre ceux de la partie droite ; elle partie droite attire par conséquent l'épaule droite en avant et fixe parfaitement l'épaule gauche qui est forcée de rester en arrière. Lorsque le cheval est dressé une simple indication suffit pour le faire partir sur tel ou tel pied.

En débutant, ce moyen préparatoire est donc indispensable mais il arrive souvent aussi que l'on croit l'avoir employé tandis que le cheval a échappé à nos moyens de conduite parceque le cavalier aura dérangé sa position sans s'en apercevoir ou aura manqué de justesse dans l'emploi des aides, le cheval étant au galop le Cavalier prendra la rêne droite avec la main droite comme je l'ai indiqué, il ramènera tout doucement la tête de son cheval un peu à droite, il accompagnera cet effet de rêne d'un léger effet de jambe droite parcequ'il pourrait se faire que son Cheval ne se rendit pas à sa première sollicitation ; il glissera ensuite cette jambe un peu en arrière pour contenir la hanche droite et il laissera retourner la jambe gauche à sa position naturelle. On comprendra facilement qu'il est difficile d'arriver à faire galoper un cheval bien droit parce que la position que nous lui donnons quelque fois le sort de ses habitudes en liberté.

Pendant le galop, le cavalier s'attachera à maintenir son centre de gravité et celui de son Cheval ; il faudra donc que le corps porte bien d'aplomb sur les hanches ; qu'il ne soit penché ni en avant ni en arrière ; que les genoux restent fixés à la selle, que le mors porte également sur les barres ; qu'il y ait accord entre la main et les jambes ; que celle-là s'élève moelleusement pendant que celles-ci se glissent vers les flancs du Cheval ; que tous ces mouvements de main et de jambes soient en un mot fins et légers ; si le Cheval gagne à la main faites de temps en temps des remises de main en portant aussitôt le haut du corps un peu en arrière et en le replaçant immédiatement ; si le cheval bat à la main, fixez-la moelleusement en produisant un petit effet de jambes ; s'il porte au vent, ayez-les jambes plus près et au lieu d'avoir la main de la bride à hauteur du coude assurez-la presque sur le pommeau de la selle, et par-dessus tout, donnez lui de la fixité, si le cheval s'enterre relevez-le par de petits coups de mollets, recevez en élevant la main, et rendez aussitôt ; continuez ce moyen jusqu'à ce que votre cheval devienne léger. Si le Cheval s'emporte, rendez tout et ne reprenez que peu à peu en portant le corps en arrière ; dans ces moments difficiles, parlez à votre cheval ; en tout cas, faites en sorte de le diriger vers un endroit ou il y ait de l'espace ; souvent un rien suffit ; étendre le bras, par exemple, du côté opposé ou l'on désire tourner

Arrêt. Le Cheval étant au galop, le cavalier portera vivement le haut du corps en arrière en élevant la main avec promptitude et en rendant aussitôt, et cela autant de fois qu'il sera nécessaire ; afin de donner au

Cheval le temps de suffisamment se rassembler si l'on veut qu'il exécute convenablement l'arrêt ; ces effets de main seront accompagnés d'autant d'effets de jambes moelleusement appliqués, tout en leur accordant, bien entendu l'énergie nécessaire ; il faut en pareil cas, éviter d'ouvrir les genoux et porter tout simplement les jambes en arrière avec la célérité, je le répète que comporte l'action. Le renseignement que j'avance, repose sur le fait pratique du Cheval en liberté, ou bien encore du Cheval attelé, parcourant une descente rapide : le Cheval en liberté, lancé à toute vitesse commence, lorsqu'il veut arrêter, par refluer l'avant-main sur l'arrière main et les deux pieds postérieurs arrivent à la fois vers le centre de gravité jusqu'à ce qu'il parvienne à ralentir ou à arrêter sa marche ; les pieds de devant au contraire se campent de façon à favoriser ce mouvement. Lorsqu'un Cheval a sur le dos un cavalier qui, non seulem.t ne le seconde pas, mais le gêne, on doit comprendre tout ce que ces arrêts brusques doivent avoir de pénible pour l'animal ; ainsi par exemple, qu'un Cavalier néglige de fermer les jambes au moment de l'arrêt ou qu'il lui arrive, comme cela se pratique les trois quarts du temps, de les laisser en avant, il y aura alors un surcroît de poids sur les épaules du Cheval et les effets de main seront naturellement moins sûrs.

Avant de Commencer le travail au galop sur de profondes lignes, nous le ferons faire individuellement en nous conformant à ce qui a été indiqué pour l'extérieur.

Pour nous résumer et donner à ce manuel le moins d'extension possible, nous suivrons dans le travail au galop la même progression de mouvements que pour le pas et le trot ; on trouvera à la méthode de dressage suivie au régiment Certains détails d'intérieur auxquels les sous officiers ne peuvent rester étrangers, et qui auront de plus l'avantage de leur fournir les explications qui n'ont pu recevoir ici leur développement.

Pour toutes les allures les moyens de conduite sont les mêmes avec cette différence cependant que l'action des aides doit être plus directe et plus rapide : si, par exemple, étant au galop, vous voulez faire un changement de main au mur, il faut, au mouvement préparatoire, élever vivement et moëlleusement la main de la bride en la rapprochant du corps, voilà donc la différence qui existe entre l'allure du galop et celles du pas et du trot : au pas et au trot vous n'avez pas élevé la main vous l'avez simplement rapprochée de vous, par la raison, comme nous l'avons déjà dit, que nous voulions nous réserver cette puissante action pour l'allure du galop seulement. L'action des jambes sera toujours en rapport avec celle de la main de la bride.

Ce léger aperçu sur l'équitation suffira, je pense, à nos premiers besoins ; il ne dépendra plus que de l'élève d'arriver à la limite qu'il voudra atteindre ; le goût du Cheval et l'opiniâtreté au travail le conduiront sûrement à des résultats satisfaisants.

Maintenant que l'on possède les moyens de conduite il ne reste plus qu'à étudier l'hippologie qui nous apprendra les causes qui déterminent le Cheval à résister à nos aides et à se défendre.

Un dernier mot sur le travail au dehors.

Le manège Civil étant terminé, il ne nous reste plus que le travail de la Carrière, sur lequel on ne peut dire que très peu de chose, bien qu'il complète l'éducation du Cavalier ; en effet, les moyens de conduite à l'extérieur sont les mêmes qu'à l'intérieur ; il ne dépend donc plus que du Cavalier d'accélérer ou de ralentir l'allure d'un Cheval qui lui appartiendra d'autant mieux qu'il l'aura étudié dans ses moindres détails (on fera à l'extérieur les figures de manège) nous dirons cependant un mot à ce sujet ; la meilleure manière de conduire un Cheval à un fossé ou à une barrière, c'est de ne jamais le lancer sur un obstacle avant de le lui avoir montré; d'employer dans les commencements surtout, des rênes assez courtes et d'avoir les jambes assez près pour l'empêcher de se dérober; de rester carrément assis, si c'est une barrière il faut élever la main de la bride, en fermant les jambes à l'instant où vous sautez; et au moment où le Cheval arrive à terre, élever encore la main et tenir les jambes près pour éviter qu'il ne s'abatte il y a une observation à faire sur les moyens à employer pour conduire un cheval au fossé; il faut au lieu d'élever la main de la bride, comme dans le saut des haies, la rendre un peu au Contraire, afin que le cheval puisse apercevoir l'obstacle et mesurer son élan; en arrivant du côté opposé élever encore la main et tenir les jambes près parce que votre cheval peut buter et s'abattre.

De la montée et de la Descente.

Lorsqu'il y a du verglas, ayez les jambes près; cette disposition de jambes vous permet de quitter très-promptement les étriers dans le cas où votre Cheval vient à s'abattre. A la guerre, lorsqu'un cheval tombe mortellement frappé, les arabes ont une adresse toute particulière pour ne jamais se laisser prendre sous le Cheval; il n'en est pas de même de nous: il est bien rare de voir manœuvres des Culbutes sans qu'il ne faille aussitôt quatre ou Cinq cavaliers pour débarrasser celui qui tombe. On doit comprendre qu'à l'ennemi la chose serait plus grave puisqu'on ne doit, dans aucun cas, quitter le rang.

Lorsque vous gravissez un chemin montueux et difficile, portez un peu le haut du corps en avant, rendez à votre cheval et ayez encore les jambes près; lorsque vous descendez ayez encore des rênes courtes et les jambes près dans ce dernier cas, vous gênez moins votre Cheval parce qu'ainsi vous observez le centre de gravité et vous ne chargez pas inutilement les épaules de l'animal ce qui lui donne aussi plus de facilité pour refluer l'avant-main sur l'arrière-main, dans le premier cas, lorsque vous montez, vous lui venez également en aide puisqu'avec des jambes près vous l'aidez à pousser la masse en avant.

Passage d'un Gué ou d'une Rivière.

Il faut avoir toujours les jambes près et les rênes Courtes pour relever votre Cheval s'il venait à broncher. si, par surprise, vous tombez dans un trou qui oblige votre cheval à nager, relâchez vivement les rênes sans cependant les abandonner afin de laisser à votre Cheval la libre Disposition de ses forces prenez les crins penchez un peu le corps en avant et rapprocher les jambes; par ce moyen vous avez avec votre cheval tous les points de contact possibles et vous éviterez de donner de la prise au Courant; en pareil cas il faut non seulement tenir par les cuisses mais aussi par les jambes et par les pieds évitant bien entendu de les tourner en dehors; tâchez de découvrir à la rive opposée un passage assez au dessous du courant pour que votre cheval ne soit pas obligé de le Combattre et dirigez-le en conséquence avec une main pendant que vous continuez à vous tenir de l'autre : le moment le plus critique du Cavalier est celui où le Cheval Commence à nager parcequ'il y met une action telle que la lame qu'il soulève autour de vous, vous enlève et vous fait perdre l'équilibre; pour peu que vous vous cramponniez aux rênes le Cheval se débat et se débarrasse presque toujours de vous

Fin de la 1ère Partie.

Dressage des Jeunes Chevaux.

Dispositions Préliminaires

Les Chevaux neufs en arrivant au Régiment, sont placés conformément aux Règlements, à la remonte du Corps dans les écuries les plus Convenables. La vérification des signalements, le marquage à la fesse et aux sabots ayant eu lieu, le Capitaine Instructeur, fait mettre à part tous ceux qui ont cinq ans, et dont l'état d'embonpoint permet de commencer le dressage, après leur avoir laissé toutefois quelques temps de repos et d'acclimatement. Le Capitaine Instructeur, assisté du Vétérinaire, se trouve à leur arrivée et signale au Chef du Corps les Chevaux de tête qui devront être dispensés du marquage à la fesse; l'appréciation de tous les chevaux est consignée par le Capitaine instructeur aidé du Vétérinaire, sur un registre Ad-Hoc. Les fourrages de première qualité sont délivrés aux chevaux de Remonte, l'Officier attaché à la remonte en est chargé sous la Direction Spéciale du Capitaine Instructeur.

Chaque Cheval reçoit un licol, un bridon d'abreuvoir, un surfaix et une Couverture; lorsque le Cheval n'a pas sa Couverture sur le dos elle est roulée autour d'un des supports de la barre et fixée au moyen du surfaix. l'Etiquette est placée derrière le Cheval et le Bridon sur la traverse. tous les dimanches matin et avant de descendre de semaine, le Brigadier s'assure que les écuries ont été nettoyées à fond et qu'il n'existe au-dessus des Chevaux ni poussière ni toiles d'araignées.

Harnachement des Chevaux.

L'opération du harnachement des Chevaux de remonte a lieu en présence du Capitaine Instructeur qui préside lui même à tous ces minutieux détails; dans ce travail, il arrive quelquefois qu'on éprouve des difficultés pour mettre les arçons de pointure et placer le harnachement sur le dos de l'animal, qui se défend souvent par crainte ou par méchanceté; quelquefois aussi il y a de la faute du Cavalier qui y met de la brusquerie, ou qui manque de tact; pour obvier à l'un et à l'autre de ces inconvénients, l'officier et le sous officier attachés à la remonte feront seller et brider en leur présence des chevaux dont le Capitaine Instructeur aura reconnu la pointure, et ces chevaux lui seront successivement représentés pour faire faire au maître sellier l'ajustement des pièces qui n'iraient pas. Si le cheval se défend ce qui n'est pas rare, on le caresse en lui donnant de l'avoine; on emploie enfin toutes les précautions que nécessite le sujet difficile; deux cavaliers adroits tenant chacun un arçon s'approchent en même temps du cheval, l'un à droite l'autre à gauche, et celui qui est le mieux à portée, place avec soin la pointure sur le dos de l'animal; si contre toute attente, ce moyen ne réussit pas, un des deux cavaliers lui lève un pied, pendant que l'autre se place en face de lui, et tient les rênes très courtes; il a soin de mettre la main sur l'oeil du côté où l'on passe pour lui mettre l'arçon.

Les gourmettes doivent avoir le maillon réglementaire; les gourmettes, les sous gorges, les poitrails et les croupières, doivent être mis très lâches afin de ne provoquer aucune espèce de défense. Avant de commencer le dressage des jeunes chevaux, ils sont d'abord promenés, sellés et bridés, tantôt à main droite, tantôt à main gauche et conduits par le filet afin de leur faire comprendre que la selle est un objet avec lequel ils doivent se mettre en rapport; toutes les dispositions ci-dessus étant prises, on procède à leur instruction de la manière suivante:

1ᵉ Leçon

Les Cavaliers seront choisis pour le Dressage en raison de leur aptitude; ils recevront de l'officier chargé de la remonte, une ou plusieurs leçons théoriques sur les principes contenus dans le manège civil; l'Instructeur s'assurera, avant de commencer le travail, et lorsque les Cavaliers seront à la tête de leurs chevaux, s'ils ont tenu compte des observations qui leur ont été faites, sur la manière de seller et de brider; cette inspection terminée, les chevaux seront conduits par l'Instructeur dans un manège, ou dans un autre lieu tranquille, le Cavalier tenant une seule rêne de filet à six ou sept centimètres de la bouche du Cheval; on les conduira parfois avec la rêne du filet du côté montoir, une autre fois avec celle du côté hors montoir pour les motifs énoncés en tête de la 1ᵉ leçon (voir la 4ᵉ leçon).

En arrivant sur le terrain, l'Instructeur fera ranger ses Cavaliers sur les grands côtés, à la distance de 1 mètre ⅓ l'un de l'autre, et fera faire individuellement par chaque cavalier, et en sa présence, des flexions de mâchoires à droite et à gauche. Ces flexions habituent le cheval à la pression progressive du mors sur les barres, et lui en font comprendre l'objet, car au lieu de tourner en sentant une douleur ou au moins une sensation désagréable, il donnera dans la main, et rapprochera la tête du poitrail. Les effets du mors jouent un si grand rôle dans le Dressage du cheval que l'on ne saurait trop s'y arrêter; par ce moyen on prévient les

les défenses de l'animal qui, lorsque la douleur est trop vive, se
met en rage, contracte les muscles grimaciers, qui ont une action
directe sur les mâchoires; il empêche par ce moyen, le jeu du mors;
aussi qu'arrive-t-il? c'est que le cavalier qui a provoqué une défense
à laquelle il ne s'attendait pas et dont il ne se rend pas compte, aug-
mente la douleur en tirant brutalement sur les rênes dans la pensée
qu'il se rendra maître du cheval, le cheval sentant à son tour tout
son avantage, raidit son encolure, se soustrait à tout moyen de
conduite et s'emporte; il faut donc rappeler aux cavaliers ce qu'ils
doivent faire pour éviter de pareils désordres; mais si leur insouciance
les met dans une aussi critique situation, il faut qu'ils tâchent de
reprendre leur sang-froid, d'arrêter légèrement et de rendre aussitôt;
de porter dans ces mouvements le haut du corps en arrière et s'ils
se trouvent avoir beaucoup d'espace devant eux, qu'ils rendent complète-
tement pendant deux ou trois secondes et qu'ils reprennent avec douceur les temps d'arrêt; il y a encore un moyen: c'est de tirer et de
rendre sur une seule rêne. Après les flexions de mâchoire on passera
de suite aux flexions d'encolure. (voir la 1re Partie)

Les séances de la 1re leçon, au nombre de quatre, sont d'une demi-
heure; l'application du montoir se fait cheval par cheval; l'Instructeur
se tient à la tête de l'animal en lui faisant donner de l'avoine et
il veille à ce que les cavaliers, en arrivant en selle, n'éperonnent pas
la croupe, qu'ils s'assoient légèrement et qu'ils caressent leurs chevaux.
l'étrier droit n'est chaussé qu'après une parfaite tranquilité.

Tous les cavaliers étant en selle, l'Instructeur fait marcher au
pas sur des lignes droites, fait arrêter très souvent, pour chercher la
mise en main, qui s'obtient à la 1re leçon avec le filet passé
par dessus les rênes de la bride et tenu entre les doigts de la main
droite, le dos de la main en avant; au moment de l'arrêt le

Cavalier ne fait cesser l'action de la main et des jambes, que quand le Cheval ne fait plus sentir l'effet des barres sur le filet et qu'il rapproche le menton du poitrail, flexion qui est presque toujours suivie d'un mâchement. La mise en main ne s'obtient pas toujours avec la même facilité; les sujets à encolure courte ou forte, à tête grosse et empâtée, en un mot les chevaux lourds ou communs sont généralement plus longs à comprendre l'accord des aides; en aucun cas, le Cavalier ne rend et ne caresse que quand l'animal a cédé.

L'Instructeur ne saurait attacher trop d'importance à la mise en main, qui ne s'obtient que par l'emploi des aides qui se trouve suffisamment développé dans le manège Civil et que l'on exigera impérieusement des Cavaliers.

2ᵉ Leçon.

La Deuxième Leçon comporte les mouvements de la 1ᵉʳᵉ en y ajoutant un peu de trot et quelques pas en arrière on commencera avec le même soin les flexions d'encolure qui s'emploieront encore dans la leçon suivante, le reculé se donne avec beaucoup de soin pour éviter de mettre le cheval sur les jarrets et ne point s'exposer à le faire cabrer; à cet effet, l'Instructeur fait comprendre aux cavaliers que, pour obtenir facilement le reculé, il doit mobiliser l'arrière-main avec les jambes, de manière à aider les membres postérieurs dans le rôle important qu'ils ont à remplir.

On fait faire des changements de main dans la largeur et dans la longueur du manège, des demi-voltes, des doublés individuels en décrivant de grands Cercles, de manière à ne pas être exigeant au milieu de la leçon on répète le montoir.

Les séances, au nombre de dix, durent une heure, la mise en main s'obtient avec les rênes de la bride, en recommandant aux Cavaliers d'une manière toute particulière, d'agir avec beaucoup de ménagements, puisque l'effet du mors n'est pas encore compris, du reste, l'Instructeur doit, dans le commencement de cette deuxième leçon, faire prendre quelquefois le filet. Pour les chevaux à encolure droite et effilée, l'instructeur recommandera aux Cavaliers d'avoir la main fixe et basse, et de pousser leurs Chevaux sur la main par de petits coups de mollets jusqu'à ce qu'ils rendent à la main en rapprochant le menton du poitrail; si, au contraire le cheval s'enterre, il faut faire prendre aux Cavaliers les rênes du filet. Dans la main droite, élever cette main et lui venir en aide par le secours des jambes; si ce moyen ne suffit pas, on fait prendre une rêne de filet dans chaque main, on fait porter les mains le plus en avant possible, le Cavalier applique alors de petits coups de mollets en accompagnant ces effets de jambes de petits coups de filet appliqués au dessus des barres à la mâchoire supérieure. Si le succès n'était pas complet, on attendrait que le Cheval comprit suffisamment les effets du mors, pour continuer ce que l'on aurait commencé avec le filet.

3ᵉ Leçon

L'Instructeur revient sur ce qui précède, tout en ne perdant pas de vue les flexions de mâchoire et d'encolure; il fait exécuter les voltes, les changements de main diagonaux, les contre-changements de main, les marches circulaires, les changements de cercle et les changements de main sur le cercle; il fait ensuite appuyer la tête au mur et la croupe au mur; pour ces deux derniers mouvements seulement, il tolère la baguette, en veillant à ce que les cavaliers n'en abusent pas, quand les chevaux comprennent l'effet des jambes pour appuyer l'Instructeur fait répéter au trot tout ce qui précède il y ajoute la série indiquée au manège Civil c'est-à-dire qu'après avoir travaillé sur les lignes Droites, il n'emploie plus que les pas de côté dans toute espèce de mouvements et ne revient au travail de la ligne droite que pour passer d'un mouvement à un autre. Lorsqu'on aura obtenu une bonne exécution au pas, on passera au trot pour le même mouvement; on suivra le même système pour le travail au galop. — L'Instructeur exigera du Cavalier une assiette parfaite, une position régulière, tant de la main que du corps; que le cavalier se lie bien à tous les mouvements du Cheval et que, dans aucun cas, les jambes n'abandonnent le Cheval. L'attention de l'Instructeur devra porter sur les chevaux qui se défendent; une croupière trop tendue, une sous-gorge, ou une gourmette trop serrées, une main trop dure, provoquent souvent ces défenses; il est du devoir de l'Instructeur d'en rechercher la cause et de la signaler; bien souvent aussi ces défenses proviennent de la souffrance qu'occasionnent les jardes, les Nessigons. Il y a encore des affections qui gênent le Cheval et qui le mettent hors de son aplomb comme les blêmes et les autres maladies du pied; les écarts, les rhumatismes articulaires sont encore de puissants motifs qui portent le Cheval à se débarrasser de son Cavalier.

Lorsque les chevaux sont jeunes, souvent il arrive que la frayeur les empêche d'avancer: il faut alors employer les moyens de douceur et de persuasion pour les conduire jusque sur les objets; si ce moyen ne suffit pas, essayez de la rigueur mais avec une extrême réserve et revenez ensuite à la persuasion; et si cette dernière ressource échappe opposez au cheval la force d'inertie,

en restant deux heures s'il le faut, jusqu'à ce qu'il se décide à
marcher sur ce qui l'aura effrayé ; accordez alors comme récompense,
une caresse à votre cheval ; le sucre s'emploie aussi avec succès pour
les Chevaux méchants ; pendant leur dressage, il est bon de leur en
donner, mais en très-petite quantité, car lorsqu'ils en mangent beaucoup,
ils salivent, lèchent continuellement la mangeoire et finissent quelque
fois par tiquer ; on évitera d'employer la rigueur contre les chevaux
dont l'œil est bombé, Cette rigueur vous conduit souvent à les rendre
complètement rétifs, par la raison que la craintе du châtiment
ne fait qu'ajouter à la frayeur. Lorsque, par vice, un cheval à
l'extérieur se cabre ou ne veut pas avancer, il faut employer la
fausse martingale et voici dans quelle circonstance ; au moment
où le Cheval se cabre de manière à se renverser, il faut élever
vivement la main, appliquer en même temps deux vigoureux coups
d'éperons et se préparer à répéter le même mouvement et s'attendre
en pareille circonstance à de sérieuses défenses de sa part ; mais
si vous réussissez à appliquer ce système avec justesse ; vous avez
des chances pour triompher du Cheval le plus difficile surtout
lorsqu'il est encore jeune. Les deux coups d'éperons que vous appliquez
font faire à votre Cheval un bon en avant de cinq ou six pieds
ils l'abrutissent au point de lui faire perdre la tête et le feraient
précipiter de n'importe quelle hauteur ; il sera donc sage de choisir
son terrain pour les premières leçons. La pointe n'a pas toujours
lieu en avant, il arrive quelquefois, qu'étant en l'air, le Cheval
fait la pirouette et retombe en arrière ; il est essentiel en tous
cas d'avoir les rênes de la bride très courtes, afin d'éviter toute
surprise. Tous ces moyens violents, ne doivent s'employer qu'en
désespoir de cause par la raison que le succès qu'on en tire
n'est jamais complet. Falma qui est en ce moment au régiment

en est un exemple, elle était rétive au dernier point lorsque je la pris à la remonte de Mérignac; je suis parvenu à la faire marcher seule en employant le système que j'indique ce qui avait prodigieusement développé en elle la force des muscles de toute la colonne vertébrale, aussi mes assouplissements de pied ferme se trouvèrent-ils complètem.t assimilés; lorsqu'elle n'était pas en chaleur, ce qui lui arrivait rarement j'en tirais parti, mais dans ses mauvais jours, elle me désarçonnait quelquefois trois ou quatre fois de suite en quelques minutes; il m'est arrivé de la faire remonter aussitôt par les cavaliers les plus hardis et les plus solides du régiment qui subissaient aussitôt le même sort, et j'ai dû renoncer à ce dernier moyen car deux ou trois d'entr'eux furent assez maltraités, le temps l'a rendue moins quinteuse; dans le rang elle va bien, c'est une bonne bête d'arme mais qui ne sera jamais agréable; j'aurais pu calmer ses fureurs en la faisant Couvrir; ce qui m'en a empêché c'est la crainte de lui voir conserver son fond de méchanceté, car son œil bombé et couvert ne m'offrait pas de garanties suffisantes et d'ailleurs une bête méchante doit toujours être éloignée de la reproduction.

Au milieu de la leçon, l'Instructeur donnera encore le montoir. Le travail ayant recommencé, les chevaux étant calmes et posés on fait sauter le fossé et la barrière; pour cette dernière qui se trouve à terre, les reprises passent d'abord dessus au pas puis au trot et au galop et lorsque les Chevaux sans hésitation exécutent ce travail, on élève insensiblement la barrière jusqu'à la hauteur de deux pieds.

Dans aucun cas on ne doit rentrer à l'écurie un cheval qui n'a pas sauté; il faut exiger par un moyen quelconque (l'avoine ou la Chambrière) le saut d'un petit fossé et le passage d'une barrière qui se trouve à terre (voir la 1re partie sur les moyens à employer)

Les séances de la 3e leçon sont au nombre de dix et de même

durée, que celle de la 2.ᵉ leçon ; vers la fin de chacune d'elles, l'Instructeur ordonne un travail individuel de trois ou quatre minutes au pas et au trot ; il fait ensuite reformer les reprises sur deux rangs comme pour l'école du peloton ; après avoir fait compter les cavaliers et afin d'habituer les chevaux à se séparer, il désigne les numéros qui lui conviennent et les fait porter en avant.

Quand il y a des difficultés pour quitter les rangs, un homme habile, placé derrière le peloton, à l'avertissement de l'Instructeur, frappe énergiquement avec une chambrière le cheval qui refuse d'avancer.

Les files qui ont quitté les rangs passent dans leurs intervalles jusqu'à ce qu'il n'y ait plus d'hésitation ; alors on fait répéter ces mouvements au trot et au galop.

Avant de terminer cette leçon on consacre six séances aux doublés par quatre dans la longueur, ainsi qu'à la serpentine ; ces mouvements s'exécuteront au pas et au trot ; les deux premières séances, et les quatre dernières, à toutes les allures, en exigeant toujours au pas au trot et au galop, une attention soutenue de la part des cavaliers pour que, dans la serpentine, ils présentent toujours leurs chevaux sur le bon pied.

4.ᵉ Leçon.

Le travail de cette leçon se donne dans le commencement avec le sabre seulement ; les chevaux à la sortie de l'écurie sont conduits en main, tantôt par la rêne droite du filet tantôt par la rêne gauche ; ce système de conduite a l'avantage de faire mâcher le mors au cheval, et lorsqu'il lui arrive de détacher une ruade, il la donne de côté ; par ce moyen, on évite les accidents aux cavaliers qui suivent ; les chevaux sont promenés dans la cour du quartier sur le pavé, les cavaliers laissent traîner le sabre, en ayant soin d'éviter les surprises.

Le montoir avec le sabre, étant d'une grande importance l'Instructeur y apporte une scrupuleuse attention; l'avoine; les caresses, en un mot tous les moyens de douceur sont les plus puissants auxiliaires de cette partie de la leçon. Il arrive aussi quelquefois qu'on est obligé de la donner à part aux chevaux impressionnables ou méchants, il faut les isoler afin d'éviter que le mauvais exemple ne se propage; c'est le plus sûr moyen d'arriver à de bons résultats.

Les Cavaliers étant en selle, les Chevaux calmés, on fait marcher sur des lignes Droites, mais en Commençant à main gauche seulement; pour que le ballottement du sabre contre les parois du manège, ne produise un bruit inattendu qui effraye le cheval, ce qui occasionnerait du désordre et des accidents graves. Lorsque la confiance et le calme existent, on fait trotter et galoper, toujours à la même main, et si cette dernière allure ne cause aucun trouble on donne, après quelques tours de manège, la leçon de la mise du sabre en main; mais comme pour le montoir, de pied ferme et individuellement.

Lorsque ce mouvement est bien compris, on fait exécuter les moulinets avec une attention tout aussi soutenue.

L'Instructeur reporte ensuite les Cavaliers en avant au pas, pour marcher de nouveau et à la même main (main gauche) il fait mettre le sabre à la main, exécuter des moulinets, et remettre le sabre; il répète ensuite ces mouvements aux allures vives, lorsqu'il remarque dans la reprise un ensemble satisfaisant, il fait marcher à main droite au pas au trot et au galop; avant d'entamer cette dernière allure, l'Instructeur, par une voix ferme et assurée, donne aux cavaliers la confiance qui se transmet toujours de l'homme au cheval; si le cavalier hésite le cheval aura peur, cette remarque est si vraie que vous verrez toujours le cheval prendre le caractère de son Cavalier; le Cavalier froid et craintif aura un cheval mou et sur l'œil, si, au contraire, le cavalier est vif et pétulant la physionomie du cheval

Dénotera une franchise que ses actes ne trahiront jamais; il est donc indispensable de donner aux hommes employés à la remonte, le cachet du cavalier d'élite, en leur faisant comprendre l'importance de leur mission.

Quatre ou cinq jours d'exercices de ce genre suffisent pour les leçons du sabre. L'Instructeur ne perdra pas de vue les pas de côté, au pas seulement, aussi bien avec le sabre qu'avec toutes les armes, que l'on fait prendre ensuite pour répéter les mouvements qui précèdent. Le maniement des armes a ensuite lieu de pied ferme, puis au pas et enfin au trot et au galop.

Les Chevaux sont ensuite exercés au saut du fossé et de la barrière, comme le prescrit l'ordonnance et on continue leur instruction par les feux à poudre qui s'exécutent de la manière suivante (ne pas négliger dans les feux à blanc de laisser les tampons aux cheminées du mousqueton et du pistolet).

Les chevaux ayant travaillé une ½ heure à toutes les allures, l'Instructeur fait joindre les deux colonnes pour marcher en cercle; il fait ensuite exécuter un doublé individuel et arrêter. Étant au milieu du Cercle, il fait présenter aux chevaux de l'avoine dans des vanelles ou autres objets évasés, mais toujours les mêmes, par des Cavaliers intelligents désignés à l'avance.

Lorsque les chevaux sont bien rassurés sur la présence de ces vanelles, et qu'ils s'y arrêtent sans difficulté pour y manger, l'Instructeur fait bruler plusieurs capsules par des hommes à pied, et recommande avec sévérité aux Cavaliers montés de ne jamais corriger leurs chevaux, mais de leur prodiguer des caresses, avant, pendant et après les feux.

Pour donner de la Confiance, l'Instructeur fait reprendre les pistes, et après deux ou trois tours de manège, il fait reformer le cercle en suivant les mêmes principes, et recommencer le feu de Capsules.

Pendant ce travail, si les chevaux continuent à été dociles, les cavaliers à pied font des feux à poudre avec moitié charge et sans bourrer en leur recommandant d'une manière toute particulière (ce qui doit être aussi observé par les cavaliers montés) de diriger le bout du canon en l'air, on fait éteindre le plustôt possible les bourses en combustion; s'il n'y a pas de désordre on fait exécuter les feux aux cavaliers montés en commençant par les éclats de capsules.

Dans le cours de cette leçon il peut arriver qu'un cheval continue d'avoir peur de ces feux : il faut alors présenter une vannette à l'animal en faisant sauter le grain dans la main, et si ce moyen ne suffit pas, on met près de lui pour le ramener un cheval froid et très gourmand d'avoine.

La leçon des feux se donne pendant quatre ou cinq jours ; on commence alors l'école du peloton par les ruptures, ensuite les formations en batailles, la marche directe du peloton en bataille, la marche oblique du peloton en bataille, les conversions, les mouvements par quatre et les tirailleurs.

La quatrième leçon comprend seize séances, d'une heure chacune, le dressage des jeunes chevaux étant terminé le Capitaine Instructeur en rend compte par la voie de son rapport journalier ; il demande à en soumettre l'appréciation au Chef d'Escadron chargé de les examiner, pour en faire ensuite le versement aux escadrons, qui en deviennent dès lors responsables et n'ont pas à se plaindre de ce que l'éducation de tel ou tel cheval ait été manquée, s'il se trouvait dans la reprise des chevaux dont la nature irascible, ou tout autre motif, fît que leur dressage laissât à désirer ils recommenceraient leur classes, jusqu'à ce qu'ils fussent en état de faire un service convenable dans les escadrons.

Un état nominatif des chevaux dont l'éducation est terminée, est dressé par les soins du Capitaine-Instructeur, pour être remis au Colonel qui le donne en communication aux Escadrons. Cet état comprend l'appréciation du Cheval, les services qu'il est appelé à rendre ainsi que la désignation du Cavalier que le Capitaine commandant devra lui donner afin que les moyens de conduite de ce Cavalier répondent au caractère de l'animal.

Malgré tous les soins que l'on apporte à l'éducation des chevaux de remonte, il arrive souvent que ces chevaux une fois dans les rangs, ne se montrent pas aussi sages qu'à l'examen qu'ils subissent avant d'y passer; ils se traversent, ruent ou gagnent à la main; il y a parfois de la faute du cavalier qui aura trop serré la gourmette ou la sous-gorge, trop tendu la croupière, qui n'aura pas ajusté ses étriers d'une manière égale, qui aura la main trop dure, des mouvements trop brusques et qui négligera de venir au secours de la main avec les jambes. Il arrive encore que le Cheval travaillant sur un bien plus grand front qu'à l'école du Peloton, est naturellement plus serré et cherche alors à se soustraire à la pression;

C'est au temps à aplanir ces Difficultés; mais si, par exception, toutes les précautions que l'on vient de signaler devenaient infructueuses, ces chevaux seraient reversés à la remonte et soumis à un nouveau Dressage.

Il résulte de tout ce qui précède, que les jeunes chevaux ont leur instruction terminée après quarante six jours de travail, répartis ainsi qu'il suit:

1ère Leçon	4 jours
2ème Leçon	10 id
3ème Leçon	16 id
4ème Leçon	16 id
Total	46 jours

3ᵉ Partie. (Travail de la 1ᵉ Année)

Modifications à introduire dans l'Instruction de la Cavalerie Légère.

L'Artillerie et l'Infanterie, pour des raisons sans doute spécieuses ont subi de sérieuses modifications ; si l'on a reconnu la nécessité de fondre dans l'Infanterie de ligne les régiments d'Infanterie légère c'est parce que leur service et leurs manœuvres ne différaient en rien du service et des manœuvres de la ligne ; aussi a-t-on créé des Bataillons de Chasseurs à pied pour faire à la guerre un service analogue à celui que nous serions appelés à remplir, chacun dans notre spécialité, si nous entrions en campagne. Comment se fait-il alors que l'Instruction militaire d'un Carabinier demeure la même que celle d'un Chasseur et d'un hussard ? C'est un fait pratique que je livre à l'appréciation ; quels avantages ne retirerait-on pas cependant d'un ordre de Chose différent en laissant à chacun le rôle que sa nature lui assigne ! il y aurait peu de chose à faire : ce serait de donner au Chasseur et au hussard une instruction spéciale, en dehors de l'ordonnance, et comme complément de celle-ci.

Je ne vois rien de bien essentiel à ajouter aux bases d'Instruction ; il n'en est pas de même de l'École du Cavalier à pied à laquelle les recrues doivent être exercées deux fois par jour pendant deux mois avant de les faire monter à Cheval, les hommes passent trop peu de temps sous les Drapeaux pour ne pas tirer parti de tous les instans, aussi je trouve qu'il est indispensable de commencer l'Instruction à Cheval votre jours après l'Instruction à pied en y introduisant, je le répète, les difficultés et bivardes.

Ecole du Cavalier à Pied

1re Leçon   1ère Partie

Travail à pied: huit jours après leur arrivée au corps, les recrues seraient envoyées aux Classes, comme le prescrit l'ordonnance; à la fin de la première partie de la 1re leçon, elles seraient réunies afin de leur faire répéter ensemble ce qu'elles auraient appris séparément.

Travail à Cheval: quatre jours après avoir commencé leurs classes à pied, les recrues seraient réunies les après midi; on les ferait sauter à cheval et à terre de pied ferme pendant la moitié de la séance; on les conduirait le reste du temps chez l'armurier pour être exercées au montage et au démontage des armes. Lorsqu'elles y seraient suffisamment exercées toute la séance serait alors consacrée au travail à cheval; tout en les faisant sauter à cheval et à terre, on leur expliquerait, pendant les 1res séances la position du Cavalier à Cheval et on leur ferait ensuite exécuter les flexions prescrites par Baucher d'abord isolément et ensuite par reprises de quatre à cinq Cavaliers. Pendant les repos qui seraient fréquents on leur ferait répéter les différentes parties du harnachement qu'elles ont dû apprendre dans leurs escadrons pendant les premiers jours de leur arrivée.

2e Partie

Travail à pied; on continuerait à réunir les recrues, vers la fin des séances pour leur faire exécuter le travail d'ensemble. Lorsqu'elles connaîtraient bien les différents pas, on leur apprendrait le pas gymnastique dix minutes avant de les renvoyer.

Travail à Cheval, on continuerait à faire sauter à terre et à cheval et à examiner les positions, on entre superait ce travail de flexions. Douze séances à pied ferme suffiraient.

2e Leçon   1ère Partie

Travail à pied, on ferait Déposer les armes à terre, vers la fin de la séance pour continuer à exécuter les premières leçons à pied; on continuerait aussi le pas gymnastique.

Travail à Cheval, on ferait marcher au pas, en continuant à observer les positions; on continuerait les flexions; quatre séances de pas, on ferait ensuite doubler et arrêter pour sauter à terre et à Cheval.

2ᵉ Partie.

À pied on répéterait le travail d'ensemble de la 1ʳᵉ partie au port d'arme ainsi que la marche au port d'armes et on exécuterait le pas gymnastique avec le mousqueton sur l'épaule droite.

À Cheval, on ferait passer du pas au trot et du trot au pas; on ferait exécuter les flexions; on entre. couperait ce travail en faisant sauter à terre et à cheval comme il est indiqué plus haut, en commençant, on ferait marcher fort peu au trot et on ne prolongerait les temps de trot que lorsque les positions continueraient à être bien observées. On consacrerait neuf séances au trot, au bout de vingt cinq jours d'assouplissements on commencerait la première leçon à Cheval.

À pied, le pas gymnastique et le travail d'ensemble seraient continués pendant le cours des leçons à pied. en armes, le Cavalier tiendrait son mousqueton sur l'épaule droite, et son sabre avec la main gauche au bracelet inférieur.

École du Peloton à Pied.

On exécuterait aussi au pas gymnastique tous les mouvements de l'école du peloton et lorsque cette école serait terminée, les hommes iraient à la voltige tous les matins, les jours de fourrage exceptés.

École de l'Escadron à Pied

On continuerait à faire exécuter un pas gymnastique tous les mouvements de l'École de l'escadron.

École du cavalier à Cheval.

1ᵉ Leçon

Toutes les fois que l'on partirait du quartier, les recrues exécuteraient les assouplissements au pas et au trot, jusqu'à leur arrivée au terrain de manœuvre; au retour, l'Instructeur y ajouterait les mouvements de rênes; on exercerait aussi les cavaliers à sauter à Cheval et à terre en marchant, d'abord en carré et ensuite pendant le trajet, lorsque les hommes sauteraient bien au pas, on les ferait sauter au trot.

2ᵉ Leçon

On expliquerait de suite, à la première partie de cette leçon, la longueur des Étriers et la position du pied dans l'étrier, afin de les faire prendre aux recrues pour aller au terrain de manœuvre et en revenir, parce que les hommes ont de l'appréhension à monter à Cheval avec des bottes éperonnées et qu'ensuite la frayeur les porte souvent à s'accrocher aux flancs de leurs Chevaux en tout cas, ils ne devraient pas prendre l'étrier pour le travail de la deuxième leçon comme le prescrit l'Ordonnance, mais seulement à la quatrième.

Pendant le cours de la quatrième leçon on ferait quelquefois quitter les étriers, on ferait aussi sauter à Cheval et à terre de pied-ferme et à toutes les allures; on reviendrait également de loin en loin aux assouplissements.

3ᵉ Leçon

On Continuerait les assouplissements à toutes les allures; on ferait sauter à terre et à cheval, au pas et au trot pendant le trajet, et, dans le carré au galop.

4ᵉ Leçon

Aussitôt que les Cavaliers connaîtraient suffisamment l'exercice du sabre et le maniement des armes on abandonnerait les assouplissements et les sauts de voltige à toutes les allures pour ne les reprendre que de loin en loin et on ferait exécuter l'exercice du sabre et le maniement des armes à toutés toutes les allures ; au retour le travail aurait lieu au pas.

Il n'y a rien de bien important à signaler aux leçons à cheval, en dehors de ces modifications si ce n'est toute fois, comme je le signale dans ma brochure sur l'équitation, que les moyens de conduite prescrits par l'ordonnance me paraissent incomplets ou erronés.

Ecole du Peloton à Cheval.

Premier et deuxième articles

Afin de ne pas perdre de temps, on réunirait le premier et le deuxième article, quant à l'exécution, c'est-à-dire que l'on devrait faire sur la route, en partant du quartier et en y revenant, les doublements et les dédoublements tout en commençant le premier article et en le continuant sur le terrain.

3e et 4e Articles.

On continuerait l'exercice du sabre et le maniement des armes à toutés les allures, dans les conditions indiquées ; on ferait aussi dans les mêmes conditions sauter à cheval et à toutés les allures en entre-coupant ce travail d'assouplissements.

Ecole de l'Escadron à Cheval.

On ferait le travail indiqué au 3e et 4e art. de l'école de Peloton à Cheval.

Evolutions du Régiment.

On reverrait de temps à autre pendant le trajet du quartier au terrain, le travail indiqué pour l'école d'Ecadron.

Pour faire exécuter l'exercice du sabre à tout le régiment on se conformerait aux mouvements déjà connus, il en serait de même pour le travail individuel ; chaque demi-appel indiquerait que les hommes doivent sauter à terre et à Cheval à l'allure à laquelle ils marcheraient. Afin d'entretenir l'émulation et pour arriver surtout à avoir de la Cavalerie légère, dans toute son acception, il faudrait que tout homme équipé serait pas apte à exécuter les mouvements ci dessus detaillés fut-il monté sur le train ou toute autre arme.

Fin.

www.ingramcontent.com/pod-product-compliance
Lightning Source LLC
LaVergne TN
LVHW050104060726
842524LV00003B/909